곤충, 거미, 전갈, 지네…
절지동물 키우는 꿀팁을 모두 담은 책!

유튜버 다흑의 반려곤충 상담소

기획 다흑

약 95만 명의 구독자를 보유한 이색 동물 전문 유튜브 크리에이터. 이색 반려동물 전문점 더쥬The Zoo 대표이자 한국양서파충류협회 정회원으로 활동하고 있습니다.

감수 샌드박스네트워크

최근 각광받고 있는 MCN 업계의 선두 주자. '크리에이터들의 상상력으로 세상 모두를 즐겁게!'라는 비전을 가지고 크리에이터가 자신의 창의력과 능력을 마음껏 발휘하는 디지털 문화 생태계를 조성하고자 합니다. 대표 크리에이터로는 도티, 슈뻘맨, 총몇명, 옐언니, 뚜식이 등이 있습니다.

일러두기

- 이 책에 나오는 동물의 명칭은 국립국어원 표준국어대사전을 기준으로 표기했으나 명칭이 백과사전 등에 등재되어 있지 않거나 실제 통용되는 명칭이 있을 경우에는 절충해 표기했습니다.
- 동물의 몸길이는 성체 기준으로 작성했습니다. 몸길이와 수명은 사육 환경과 건강 상태에 따라 달라질 수 있습니다.
- 절지동물을 만질 때는 반드시 보호자와 함께하세요. 독이 있는 타란툴라나 전갈, 지네 등은 맨손이 아닌 도구를 이용해 주세요.
- 이 책은 유튜버 다흑의 절지동물 사육 정보를 다루었으며, 사육 방법은 사육자마다 다를 수 있습니다.

곤충, 거미, 전갈, 지네…
절지동물 키우는 꿀팁을 모두 담은 책!

유튜버 다흑의 반려곤충 상담소

기획 다흑 | 감수 샌드박스네트워크

기탄출판

절지동물을 키우려는 분들께
다흑이 드리는 말

다흑
@THEZOO_kr

안녕하세요? 유튜버 다흑입니다! 이색 반려동물 전문점인 더쥬(The Zoo) 운영자이자 브리더이기도 하지요. 많은 분들이 제게 절지동물을 어떻게 구하고, 어떻게 키우는지에 대한 질문을 자주 하십니다. 그럴 때마다 비슷한 말씀을 드립니다. 절지동물은 개인 간 분양이 자유롭지만, 처음 키우시는 분들은 초반 입양 상담과 올바른 사육 정보를 접하기 위해서 이색 반려동물을 분양하는 전문점을 통해 입양하는 것이 가장 안전하다고 말이에요.

절지동물의 대다수는 온도, 습도, 사육 공간 등에 큰 지장을 받지 않습니다. 물론 아주 예민한 종류도 몇몇 있지만, 대부분은 환경에 잘 적응합니다. 사육 공간이 다소 좁더라도 크게 문제되지 않습니다. 절지동물을 키울 때 가장 중요한 것은 '환기'입니다. 환기가 잘 안 될 경우, 절지동물의 외골격 중 관절 부분에 곰팡이성 질환을 겪는 경우가 많거든요. 그러므로 절지동물을 반려할 때는 사육장의 뚜껑이나 벽면에 있는 환기구를 통해 자주 환기해 주는 것이 중요합니다.

제게는 늘 마음속으로 다짐하는 말이 하나 있습니다. '월화수목금금금'! 농담처럼 들릴 수도 있지만 살아 있는 동물을 다루는 직업을 갖고 있어서, 매 순간 의도치 않은 문제가 발생하거나 관리가 필요한 경우가 생기기 때문입니다. 그렇기에 특별한 이유가 없으면 단 하루도 빠짐없이 일하고 있습니다. 이렇게 열정을 지속할 수 있는 이유는 가장 좋아하는 일이 직업이 되었기 때문입니다.

앞으로도 동물의 정체가 궁금하거나, 반려 절지동물을 키우다가 궁금한 점이 생기면 언제든 제 유튜브로 찾아와 주세요! 여러분의 행복한 반려곤충 생활을 응원합니다.

Have a good time

차례

절지동물이란?

동물계 절지동물문에 속한 동물을 통틀어 이르는 말이에요. 고생대 캄브리아기 때 처음 나타났고, 전체 동물 중 약 80%를 차지할 만큼 종이 아주 많아요. 외골격을 가진 무척추동물로, 몸이 좌우 대칭이고 마디가 있어요. 곤충류, 거미류, 다지류, 갑각류를 포함해 현재까지 약 100만 종 이상이 알려져 있어요.

절지동물의 종류

곤충류

곤충류는 지구에서 수가 가장 많은 동물이에요. 몸이 머리, 가슴, 배의 세 부분으로 나뉘고, 여섯 개의 다리를 가지고 있어요. 외형을 탈바꿈(변태)하는 특징이 있어서, 새끼일 때와 성충일 때의 모습이 많이 달라요.

알에서 애벌레, 번데기, 성충으로 자라나는데, 이 과정을 모두 거치는 완전변태 곤충과 번데기 과정이 없는 불완전변태 곤충으로 나뉘어요.

완전변태를 하는 곤충으로는 사슴벌레와 개미, 나비 등이 있어요.

불완전변태를 하는 곤충으로는 사마귀와 잠자리 등이 있어요.

거미류

거미류 동물의 몸은 '머리가슴'과 '배', 두 부분으로 나뉘어요. 8개의 다리가 머리가슴에 달려 있지요. 거미류 동물들은 대개 딱딱한 몸을 가지고 있어 탈피를 하면서 성장해요. 거미류 동물에는 거미, 전갈, 진드기 등이 있어요.

다지류

다리가 많은 절지동물로, 다지류 동물로는 지네와 노래기 등이 있어요. 몸은 머리와 몸통으로 나뉘는데, 몸통은 여러 개의 마디로 이루어졌어요. 마디마다 다리가 지네는 2개씩, 노래기는 4개씩 있어요. 축축한 곳을 좋아하고 야행성이에요.

갑각류

갑각류는 몸이 단단한 껍데기로 덮인 동물로 게, 새우, 가재 등이 있어요. 몸은 머리, 가슴, 배로 나뉘고, 대부분 물속에서 살며 아가미로 호흡해요. 유생 때 물에 떠다니지만 성체가 되면 몸이 무거워져 바다 바닥이나 육지에서 생활하는 경우가 많아요.

곤충류

 사슴벌레 ▶

 사마귀 II

 장수풍뎅이 II

 나비 II

곤충류는 지구 동물들 중 수가 가장 많아요. 몸이 머리·가슴·배의 세 부분으로 나누어지고, 여섯 개의 다리를 가지고 있어요. 외형을 완전히 탈바꿈하는 특징이 있어서, 곤충의 대다수는 새끼일 때 모습과 성충일 때 모습이 많이 달라요.

지구상에서
가장 많은 동물이
곤충이래!

고민 상담소

다 물어보흑

다흑 님, 안녕하세요?

저는 초등학교 3학년 윤지우예요. 저는 곤충을 매우매우 좋아해요. 친구들과 매미나 잠자리는 종종 잡으러 다니는데 집에서도 곤충을 키우고 싶어요!
그런데 엄마가 곤충은 시끄럽고 금방 죽는대요. 곤충 키우는 친구들 보면 시끄럽지도 않고 오래 산다고 하던데….
다흑 님, 혹시 제가 반려할 수 있는 곤충을 추천해 주실 수 있나요? 제발요!

곤충을 꼭 키우고 싶은
지우 올림

처음 반려하기 좋은 곤충을 추천해 주세요!

첫 반려곤충으로는 사슴벌레를 추천합니다. 사슴벌레는 알에서 성충으로 자라기까지 1년이 넘게 걸려, 계절 변화에 따라 알맞게 성장하는 모습을 관찰하기 좋은 곤충이거든요.

사슴벌레는 무얼 먹고 사나요?

사슴벌레는 자연에서는 주로 참나무 수액이나 발효된 과일을 먹어요. 하지만 집에서 반려할 때에는 유충 시절에는 발효 톱밥을, 성충이 되면 곤충 젤리를 급여하면 되기 때문에 먹이 공급이 편리하다는 장점을 가지고 있지요.

사슴벌레의 또 다른 장점도 알려 주세요!

사슴벌레는 외형이 멋지고, 사육이 쉬운 편이라 초보자도 잘 키울 수 있어요.

사슴벌레의 일생 여섯 컷

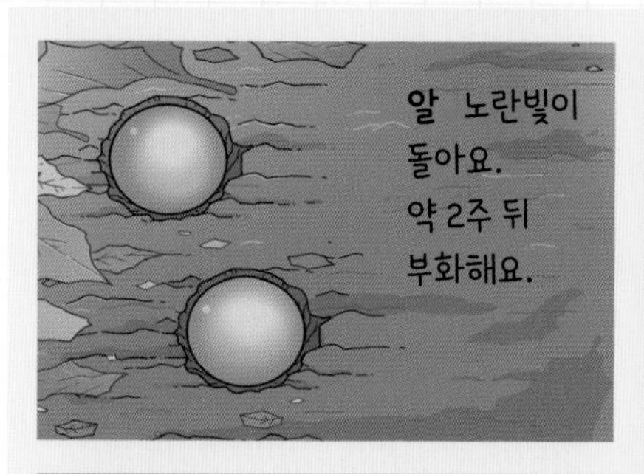
알 노란빛이
돌아요.
약 2주 뒤
부화해요.

1령애벌레 부화한 애벌레는
발효 톱밥이나 균사를 먹으며
2~3주 보내요.

2령애벌레 2~3주 동안 몸집이
커져요.

3령애벌레 6개월~1년쯤 자라며,
애벌레 상태로 겨울잠을 자기도 해요.

번데기 가로로 만든 번데기방에서
한 달 정도 지내요.

성충 크고
단단한
사슴벌레가
되었어요.

어떻게 키워야 하나요?

사슴벌레를 키우려면 준비물에는 뭐가 있나요?

곤충을 반려할 때에는 포유동물처럼 많은 준비물이 필요하지는 않아요. 뚜껑 있는 사육통, 바닥재인 발효 톱밥, 곤충 젤리(유충 때는 발효 톱밥이 먹이 역할을 해요.), 먹이목과 은신처, 놀이목을 준비해 주세요.

뚜껑 있는 사육통

발효 톱밥

곤충 젤리

먹이목과 놀이목

이제 사슴벌레를 사육통 안에 넣으면 되나요?

사슴벌레를 사육통 안에 넣기 전에 할 일이 있어요. 먼저 발효 톱밥을 30~50%가량 깔아 주세요.

그리고 습도 유지를 위해 발효 톱밥 위에 분무기로 물을 뿌려 주세요.(습도는 유충일 때는 70%, 성충일 때는 50~60%로 유지해 주세요.)

마지막으로 먹이목에 곤충 젤리를 넣어 주고, 놀이목이나 은신처로 꾸미면 사슴벌레 사육장 완성!

왜 생김새가 다르지?

아래 사진은 사슴벌레 암컷과 수컷이야. 거의 모든 동물들은 여자, 남자의 모습이 조금씩 다르게 생겼어. 사슴벌레는 마치 뿔처럼 생긴 길쭉한 '턱'으로 암수를 구분할 수 있어. 과연 어느 쪽이 암컷이고, 어느 쪽이 수컷일까?

사진에서 위쪽에 있는 크고 기다란 턱을 가진 사슴벌레가 수컷이야. 덩치도 암컷보다 수컷이 확실히 더 크지? 이제 사슴벌레를 만난다면 성별을 한눈에 알 수 있을 거야!

종류를 알아보자!

1

사슴벌레

몸길이	수컷 45~70mm 암컷 25~40mm
수명	1~2년
분포 지역	한국, 중국, 일본, 러시아
특이 사항	'참사슴벌레'나 '걍(그냥)사슴벌레'라고도 불러요.

2

왕사슴벌레

몸길이	수컷 27~60mm 암컷 25~40mm
수명	1~3년
분포 지역	한국, 중국, 일본
특이 사항	사육 곤충 중에 가장 오랜 역사를 가지고 있어요.

사슴벌레들은
이름도 멋져!

3

톱사슴벌레

몸길이	수컷 23~73mm 암컷 23~35mm
수명	3~7개월
분포 지역	한국, 중국, 일본
특이 사항	큰 턱이 안쪽으로 휘고 아래를 향해 있어요. 수명이 짧은 편이에요.

4

넓적사슴벌레

몸길이	수컷 38~85mm 암컷 28~44mm
수명	1~2년
분포 지역	한국, 일본, 대만
특이 사항	우리나라에서 몸집이 가장 큰 사슴벌레예요.

배와 다리만 색깔이 다른 게 신기해!

5

홍다리사슴벌레

몸길이	수컷 25~50mm 암컷 20~38mm
수명	1~2년
분포 지역	한국, 일본, 대만
특이 사항	다리 마디와 배 부분에 붉은 색이 넓게 나타나요.

6

애사슴벌레

몸길이	수컷 15~48mm 암컷 12~32mm
수명	1~2년
분포 지역	한국, 중국, 일본
특이 사항	사슴벌레들 중에 몸집이 작은 편이에요.

1. 아래에서 사슴벌레를 찾아 괄호 안에 번호를 써 보세요. (　　　)

2. 아래는 사슴벌레에 대한 설명이에요. 설명을 잘 읽고, 괄호 안에 옳은 설명에는 ○를, 틀린 설명에는 ×를 써 보세요.

- 다리가 여섯 개인 곤충이에요. (　　　)
- 암컷과 수컷의 생김새가 달라요. (　　　)
- 수컷에게는 커다란 두 개의 뿔이 있어요. (　　　)

사슴벌레 VS 장수풍뎅이 둘이 싸운다면?

강력한 턱을 가진 사슴벌레와 무시무시한 뿔을 가진 장수풍뎅이가 싸운다면 과연 누가 이길까요? 장수풍뎅이가 우리나라에서 가장 힘이 센 곤충으로 알려져 있어요. 하지만 둘의 싸움은 마치 사자와 호랑이의 싸움과 같아요. 비슷하게 힘이 센 곤충들이기 때문이지요. 연령, 체형, 건강 상태에 따라 누가 이길지 달라질 거예요. 사슴벌레든 장수풍뎅이든 둘 중 더 건강하고 힘이 센 녀석이 아마 이기겠지요?

고민 상담소

다 물어보흑

다흑 님, 안녕하세요?

저는 풀밭에서 잡은 왕사마귀를 키우고 있는 초등학생 민주라고 해요.
사마귀는 외모도 멋지지만 여기저기 매달려 있는 모습을 관찰하는 게 무척 재미있어요! 하루에도 몇 번씩 사육장을 들여다본답니다.
그런데 얼마전부터 사마귀의 눈이 까맣게 변했어요. 왜 그런 걸까요? 혹시 병에 걸린 것인지, 치료법이 있는지도 궁금해요. 해결 방법을 꼭 알려 주세요!

사마귀 걱정에 밤에 잠 못 드는
민주 올림

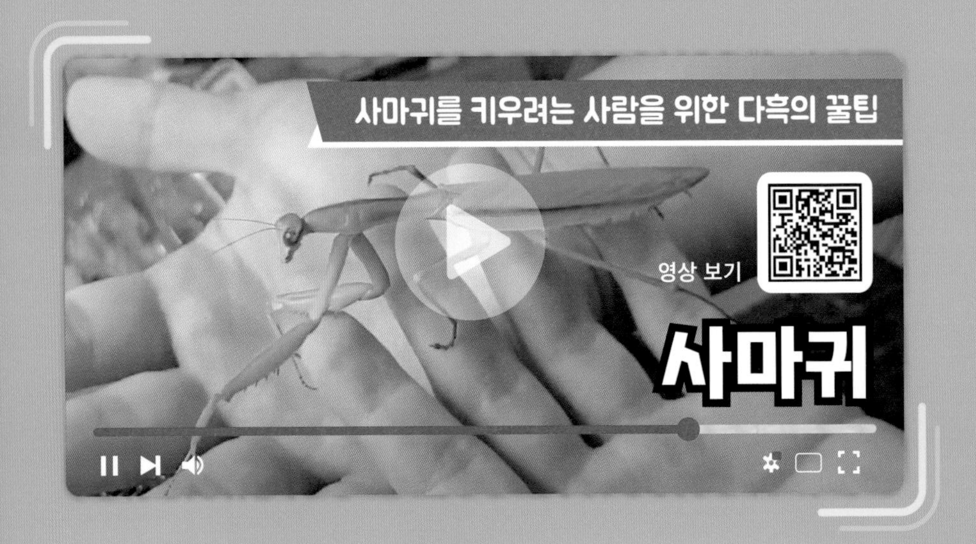

사마귀의 눈이 까매지는 이유는 무엇인가요?

낮인데도 눈이 새까맣거나 검은 반점이 생겼다면, 눈 비빔을 의심해 봐야 해요. 눈 비빔은 사마귀가 투명한 벽에 눈을 비벼 생기는 병이에요. 치료는 안 되지만 사는 데 큰 지장은 없어요. 너비가 넓고 불투명한 사육통에서 키우면 예방이 가능해요.

사마귀는 어떤 먹이를 줘야 하나요?

사마귀는 살아 있는 먹이를 먹고 살아요. 이틀에 한 번, 밀웜을 2마리 정도 주는 것이 일반적입니다.

사마귀의 특징도 알려 주세요!

사마귀는 움직임도 활발하고, 여기저기 잘 매달려 있어 관찰하는 재미가 있어요. 자세히 살펴보면 얼굴도 귀엽지요. 다른 풀벌레에 비해 수명도 긴 편이라 오래도록 함께할 수 있어요.

사마귀의
일생
세컷

알 알집 속에
알이 들어 있어요.

애벌레 부화한 애벌레는 여러 번
허물을 벗으며 몸집이 자라요.

성충 마지막 허물을 벗고 날개까지 달린
사마귀가 되어요.

나 멋있지?

어떻게 키워야 하나요?

사마귀를 사육하려면 어떤 것들을 준비해야 하나요?

뚜껑 있는 사육통과 바닥재(바크나 나뭇가지), 먹이(밀웜이나 쌍별귀뚜라미 등 작은 곤충), 매달릴 수 있는 구조물(인공 바위, 화초, 루바망)을 준비하면 됩니다.

뚜껑 있는 사육통

바크(나무껍질)

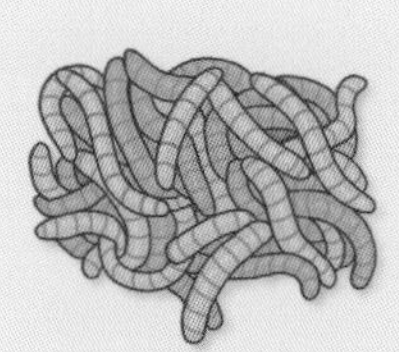

밀웜

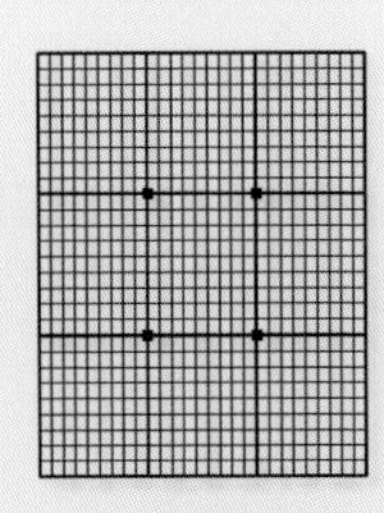

루바망

사마귀는
매달려 있는 걸
좋아해!

사육장을 만들 때 주의해야 할 사항이 있나요?

사마귀는 매달리기를 좋아하기 때문에 높이가 높은 사육통이 필요합니다.

습도 유지를 위해 사육장 표면에 물을 뿌려 주거나 인공 화초 등에 물을 분무해 주세요. 매일 분무하기 어렵다면 사육장 안에 작은 물그릇을 넣어 두는 것도 좋습니다.

사마귀는 동족포식(같은 종을 잡아먹는 행위)을 하는 곤충이므로 한 마리씩 따로 사육해야 해요. 갓 부화한 어린 사마귀도 어느 정도 자란 후에는 분리해 주세요!

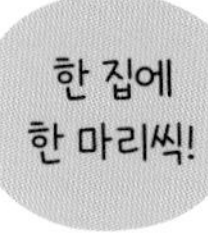

사마귀야, 꽃이야?

아래 사진은 난초사마귀의 모습이야. 정말 꽃처럼 아름답고 멋있지? 난초사마귀는 주로 동남아시아에 서식해. '꽃사마귀'라고도 불리지. 화려한 생김새 때문에 사육용으로 인기가 많은 편이야.

난초사마귀의 몸길이는 수컷 약 30mm, 암컷 약 60mm 정도야.
넓적한 다리가 마치 꽃잎처럼 보여서, 열대 우림의 커다란 꽃들 사이에 숨어서 곤충을 유인해 잡아먹으며 살아.

종류를 알아보자!

1

왕사마귀

몸길이	70~95mm
수명	6~8개월
분포 지역	한국, 중국, 일본, 동남아시아
특이 사항	이름처럼 몸집이 커요.

2

넓적배사마귀

몸길이	40~70mm
수명	6~8개월
분포 지역	한국, 중국, 일본
특이 사항	다른 사마귀와 달리, 가슴 길이가 배에 비해 짧아요.

3

좀사마귀

몸길이	수컷 40~55mm 암컷 45~58mm
수명	6~9개월
분포 지역	한국, 일본, 대만
특이 사항	몸 색깔이 갈색 또는 회갈색이라, 나뭇가지로 위장해 먹이를 잡아요.

4

애기사마귀

몸길이	수컷 25~33mm 암컷 25~36mm
수명	7~10개월
분포 지역	한국, 중국, 일본
특이 사항	작은 몸을 낮추고 머리를 돌리며 주변을 조심스레 살피는 행동을 해요.

5

좁쌀사마귀

몸길이	수컷 13~17mm 암컷 15~20mm
수명	6~8개월
분포 지역	한국, 일본, 대만
특이 사항	우리나라에서 가장 작은 사마귀예요.

6

항라사마귀

몸길이	수컷 45~55mm 암컷 50~70mm
수명	6~8개월
분포 지역	아시아, 유럽, 아프리카
특이 사항	몸 색깔이 연하고 투명한 편이에요.

사마귀 퀴즈!

1. 아래에서 난초사마귀를 찾아 괄호 안에 번호를 써 보세요. ( )

2. 아래는 사마귀에 대한 설명이에요. 설명을 잘 읽고, 괄호 안에 옳은 설명에는 ○를, 틀린 설명에는 ×를 써 보세요.

- 한 사육통에 여러 마리를 키울 수 있어요. ( )
- 매달리기를 좋아해요. ( )
- 다양한 종류의 풀을 먹이로 먹어요. ( )

사마귀가 기도를 한다고?

사마귀는 영어로 'Praying Mantis'라고 하는데, 기도하는 사제라는 뜻이에요. 사마귀가 두 앞발을 들고 있는 모습이 마치 기도하는 것처럼 보여서 이런 이름이 붙었대요. 우리나라에서 사마귀는 '당랑거철(사마귀가 앞발을 들어 수레바퀴를 멈추려 한다는 말로, 제 역량을 생각하지 않고 강한 상대나 되지 않을 일에 덤벼드는 무모한 행동을 뜻함)'의 공격적인 모습인데, 같은 사마귀를 보고도 전혀 다른 생각을 한다니, 재미있지요?

고민 상담소

다 물어보흑

다흑 님, 안녕하세요?

저는 초등학교 4학년 장수호라고 해요. 제가 장수풍뎅이를 무척 좋아해서 엄마에게 키우게 해 달라고 졸랐는데, 드디어 이번 주말부터 키우기로 허락을 받았어요. 야호!
그런데 막상 키우려고 하니 걱정되는 점이 한두 가지가 아니에요. 사육장은 어떻게 준비해야 하는지, 먹이를 어떻게 줘야 하는지 궁금한 것들이 참 많아요. 다흑 님, 장수풍뎅이를 키우는 데 필요한 것들을 알려 주세요.

장수풍뎅이를 잘 키우고 싶은
장수호 올림

장수풍뎅이의 사육장은 어떻게 꾸며 주어야 하나요?

장숭풍뎅이의 사육장은 앞에서 본 사슴벌레의 사육장과 비슷하지만 빠뜨리면 안 되는 게 있어요. 바로 놀이목이에요. 장수풍뎅이는 활동적이어서 돌아다니다 몸이 뒤집어질 때가 있거든요. 짚고 일어설 수 있도록 놀이목을 잊지 말고 넣어 주세요!

장수풍뎅이와 사슴벌레 키우기는 어떻게 다를까요?

두 곤충의 사육 환경은 거의 비슷한데, 장수풍뎅이가 사슴벌레에 비해 활동량이 많아요. 그래서 먹성도 더 좋아 사육통 청소와 먹이 공급을 좀 더 자주 해야 해요. 대신 관찰하는 재미는 더 좋을 수 있어요!

왜 '장수풍뎅이'라는 이름이 붙었나요?

우리나라에서 가장 크고 힘센 풍뎅이인 장수풍뎅이는 뿔의 생김새가 투구를 쓴 장수의 모습과 비슷해서 '장수풍뎅이'라는 이름이 붙었어요.

장수풍뎅이의 일생 여섯 컷

알 노란빛을 띠어요.
2주쯤 뒤에 부화해요.

1령애벌레
부화한 애벌레는
발효 톱밥을 먹고
2~3주가량 자라요.

2령애벌레
2~3주가량
자라나요.

3령애벌레
3~5개월 자라며,
크기가 커져요.

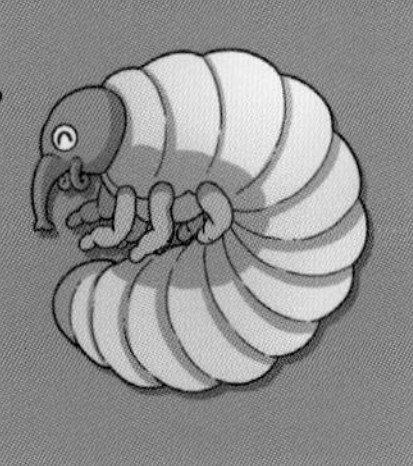

번데기
세로로 만든
번데기방에서
2~3주 정도
지내요.

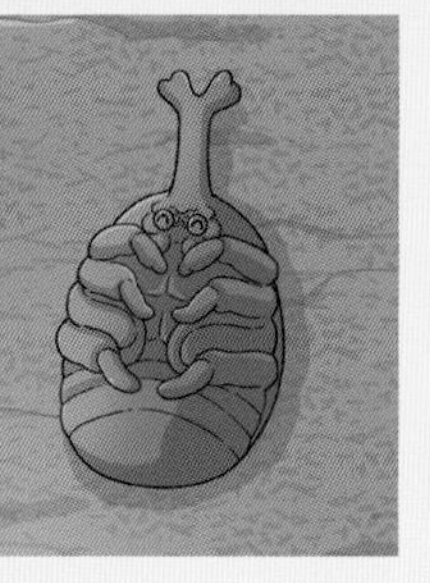

성충 커다란 뿔을 가진
장수풍뎅이가 되었어요.

어떻게 키워야 하나요?

장수풍뎅이를 키우려면 무엇을 준비해야 하나요?

장수풍뎅이 사육장은 사슴벌레 사육장과 환경이 거의 비슷해 준비물도 다르지 않아요. 사육통 안에 발효 톱밥을 깔고, 먹이목과 놀이목 등을 설치한 후 곤충 젤리를 넣어 주면 됩니다. 습도 유지를 위해 분무기로 물을 뿌려 주세요.

뚜껑 있는 사육통

발효 톱밥

곤충 젤리

먹이목과 놀이목

장수풍뎅이도 유충 때는 발효 톱밥을 먹어!

장수풍뎅이 사육장을 만들 때 주의할 점이 있나요?

장수풍뎅이는 땅 파는 것을 좋아하는 곤충이에요. 발효 톱밥을 두껍게 깔아 주는 것이 좋겠지요?

사육장 안의 습도가 유지될 수 있도록 분무기로 물을 자주 뿌려 주세요. 단, 물을 너무 많이 뿌리면 곰팡이가 생길 수 있으니 습도가 올라갈 정도로만 뿌려 주세요!

마지막으로 먹이목에 곤충 젤리를 넣어 주고, 놀이목과 은신처로 사육통을 꾸며 주면 끝!

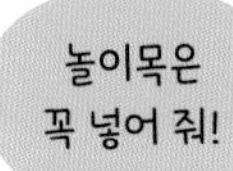

꿈의 곤충, 헤라클레스장수풍뎅이

장수풍뎅이 중에서도 가장 크기가 크고 강해서 '꿈의 곤충'이라고 불리는 종이 있어. 바로 헤라클레스장수풍뎅이야! 그리스로마신화에 나오는 헤라클레스처럼 크고 튼튼한 장수풍뎅이지.

헤라클레스장수풍뎅이는 멕시코, 브라질 등에 서식하는 대형 장수풍뎅이 종으로, 확인된 최대 크기가 무려 183mm라고 해. 해외에서는 가장 유명하고 인기가 많은 반려곤충으로 사육되고 있어. 하지만 국내로 수입이 허가된 품종이 아니라서 아쉽지만 우리나라에서는 볼 수 없지.

언젠가 꼭 만나!

종류를 알아보자!

1

장수풍뎅이

몸길이	수컷 30~85mm 암컷 30~50mm
수명	1~3개월
분포 지역	전 세계 곳곳
특이 사항	장수풍뎅이는 우리나라에 사는 곤충 중 가장 크고 힘이 세다고 알려져 있어요.

2

외뿔장수풍뎅이

몸길이	18~24mm
수명	2~5개월
분포 지역	한국, 중국, 일본
특이 사항	성충 외뿔장수풍뎅이는 다른 장수풍뎅이와는 다르게 육식을 즐기기도 해요.

3

키론장수풍뎅이

몸길이	수컷 45~135mm 암컷 50~74mm
수명	2~3개월
분포 지역	인도네시아, 미얀마, 말레이시아
특이 사항	수컷의 머리뿔 중간에는 돌기 하나가 더 있어요.

4

헤라클레스장수풍뎅이

몸길이	수컷 46~178mm 암컷 47~80mm
수명	최대 1년 2개월
분포 지역	페루, 멕시코
특이 사항	장수풍뎅이 중 가장 커요.

5

아틀라스장수풍뎅이

몸길이	수컷 45~110mm 암컷 45~63mm
수명	4~6개월
분포 지역	인도, 인도차이나 반도, 말레이시아
특이 사항	수컷의 몸이 청동색을 띠어요.

6

남방장수풍뎅이

몸길이	30~45mm
수명	4~9개월
분포 지역	동남아시아
특이 사항	암컷에도 뿔이 있어요. 새순이나 농작물을 먹어 해충으로 분류되어요.

1. 아래에서 외뿔장수풍뎅이를 찾아 괄호 안에 번호를 써 보세요. (   )

2. 아래는 헤라클레스장수풍뎅이에 대한 설명이에요. 설명을 잘 읽고, 괄호 안에 옳은 설명에는 ○를, 틀린 설명에는 ×를 써 보세요.

- 장수풍뎅이 중에서 가장 큰 종이에요. (   )
- 우리나라에서도 키울 수 있어요. (   )
- 농작물을 먹어 해충으로 분류되어요. (   )

천연기념물인 장수하늘소가 해충이라고?

중국에서 장수하늘소는 해충으로 분류되어요. 암컷은 나무 줄기에 구멍을 뚫어 알을 낳고, 유충은 나무를 파먹으며 3~5년간 자라기 때문이지요. 하지만 우리나라에서는 자취가 거의 사라져 가기 때문에 1968년에 천연기념물로 지정되었고, 인공 증식을 위한 연구도 진행 중이에요.

고민 상담소 다 물어보흑

다흑 님, 안녕하세요?

저는 초등학교 2학년 쌍둥이를 둔 엄마입니다. 우리 아이들은 풀밭에서 잠자리, 메뚜기 잡는 것을 무척 좋아해요.
얼마 전에는 아이들이 나비 알이 붙은 나뭇잎을 가져와서 키운다길래 부랴부랴 투명한 플라스틱 통에 나뭇잎을 넣고 관찰 중입니다.
애벌레는 나뭇잎을 먹고 큰다는데, 어떤 나뭇잎을 어떻게 주는 것이 좋을까요?
다흑 님의 답을 기다리고 있겠습니다.

미래의 곤충학자들을 키우는
쌍둥이 엄마 드림

먹이 식물은 어떤 것을 주나요?

나비 종에 따라 선호하는 먹이 식물이 달라요. 애벌레는 좋아하는 식물의 잎만 먹어요. 알 또는 애벌레를 알맞은 나뭇잎에 붙여 주어야 합니다. 호랑나비는 귤나무 등 운향과 식물, 배추흰나비는 배추 등 십자화과 식물의 잎을 선호해요.

나비를 키우면 어떤 점이 좋은가요?

나비는 알-애벌레-번데기-성충의 단계를 모두 거치며, 각 단계의 모습들이 확연하게 달라요. 알에서 나비가 되기까지의 과정이 짧아 성장하는 모습을 빠르게 볼 수도 있지요.

다 자란 나비는 어디서 키우면 되나요?

키우는 동안 정이 들었겠지만, 성충이 된 나비는 자연으로 날려 보내는 것이 가장 좋습니다.

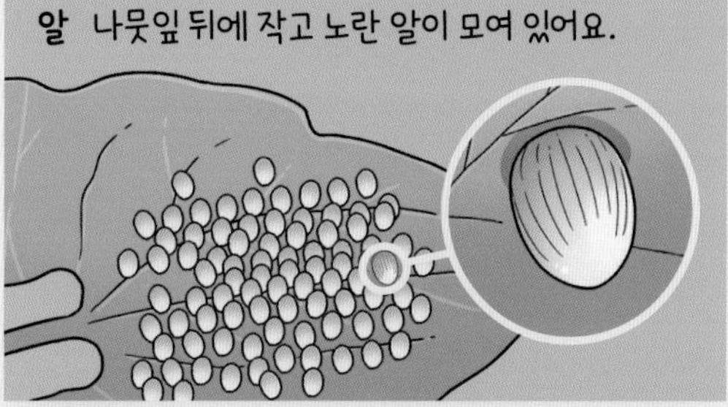

나에게는
2쌍의 날개가
있어!

어떻게 키워야 하나요?

나비를 키우려면 무엇이 필요한가요?

나비 알이 붙은 나뭇잎은 투명한 통이나 상자에 넣어 키워요. 애벌레가 되면 먹이 식물이 필요한데, 가능하면 먹이 식물을 심은 화분에 애벌레를 옮겨 함께 키우면 좋아요. 화분 주위에 방충망을 꼼꼼하게 둘러싸 주거나, 투명한 통이나 상자 안에 화분을 넣고 뚫린 면에 방충망을 붙여 줍니다. 망사 케이지 안에 화분을 두는 것도 좋습니다.

나비 사육장을 꾸밀 때 주의할 점이 있나요?

사육장은 통풍이 잘 되고 햇빛에 직접 노출되지 않는 곳에 두어야 해요.

애벌레의 먹이가 되는 나뭇잎은 주기적으로 교체해 주고, 애벌레의 몸집이 커지면 사육장도 더 크게 만들어 주는 것이 좋습니다.

화분에서 키운다면 촘촘한 망으로 화분을 둘러싸서 다른 곤충이 침입하지 못하게 해야 해요. 애벌레가 나뭇잎을 많이 먹으므로, 한 화분에 애벌레는 한 마리만 키웁니다.

나비와 나방, 뭐가 다를까?

나비와 나방은 생김새가 비슷해 보여. 하지만 생김새와 달리 두 곤충은 전혀 다른 습성을 가졌어. 나비와 나방은 어떤 차이점이 있는지 살펴보자.

나비는 낮에 활동하고, 나방은 해가 진 이후에 활동하는 경우가 많아. 나비는 꽃이나 풀 위에 앉을 때 둥근 날개를 접어 세워 앉고, 나방은 길고 끝이 뾰족한 날개를 편 채로 앉지. 더듬이를 보자면, 나비는 성냥개비 모양이고, 나방은 빗살 모양 등 다양한 모양들을 지녔어. 또 둘 다 날개에 비늘가루가 많이 붙어 있지만 나비는 잘 떨어지지 않고, 나방은 쉽게 떨어진다는 차이점도 있어.

종류를 알아보자!

1

노랑나비

날개 편 길이	47~52mm
출현 시기	3~11월
분포 지역	한국, 중국, 러시아, 인도
특이 사항	날개 색깔이 수컷은 노랑, 암컷은 노랑이나 하양 두 가지여서 노랑 날개를 가진 나비는 암수 구분이 힘들어요.

2

호랑나비

날개 편 길이	70~105mm
출현 시기	3월 말~11월
분포 지역	한국, 중국, 일본, 대만, 미얀마
특이 사항	호랑나비 무리는 정해진 길만 다녀요. 뒷날개에 수컷은 푸른색, 암컷은 붉은색 반달 무늬가 있어요.

3

배추흰나비

날개 편 길이	45~60mm
출현 시기	4~10월
분포 지역	한국, 중국, 일본, 유럽, 북아메리카, 뉴질랜드
특이 사항	애벌레 때는 작물의 잎을 갉아먹어 해충으로 분류되지만, 나비가 되면 식물의 수분을 돕는 익충이 되지요.

4

제비나비

날개 편 길이	80~125mm
출현 시기	3~8월
분포 지역	한국, 중국, 일본, 대만, 미얀마
특이 사항	텃세가 있는 나비라 일정 영역을 확보하고 난 후 활동해요.

5

부전나비

날개 편 길이 20~40mm

출현 시기 5~10월

분포 지역 한국, 중국, 일본, 러시아, 북아메리카

특이 사항 날개 윗면이 수컷은 청남색 계열, 암컷은 흑색 계열에 가장자리에는 주황색 무늬가 있어요.

6

왕오색나비

날개 편 길이 47~61mm

출현 시기 6~8월

분포 지역 한국, 중국, 일본, 대만

특이 사항 날개는 흑갈색 바탕에 희고 노란 무늬가 많이 있어요. 수컷은 바깥쪽 이외에는 보랏빛이 나요.

1. 아래의 그림을 잘 보고, 괄호 안에 나비의 한살이 순서대로 번호를 써 보세요.

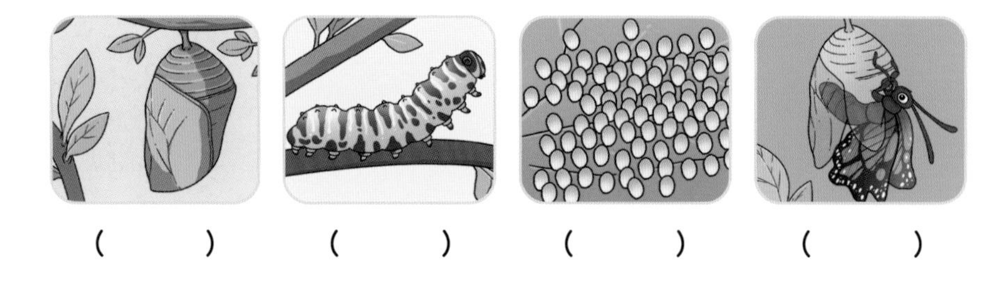

( ) ( ) ( ) ( )

2. 아래는 나비에 대한 설명이에요. 설명을 잘 읽고, 괄호 안에 옳은 설명에는 ○를, 틀린 설명에는 ×를 써 보세요.

- 1쌍의 날개가 있어요. ( )
- 나비의 더듬이는 성냥개비 모양이에요. ( )
- 애벌레는 곤충을 먹고 자라요. ( )

제왕나비의 장거리 비행

나비도 철새처럼 이동을 하는데, 이 중 제왕나비는 매년 겨울을 보내기 위해 캐나다에서 멕시코까지 무려 4,000km의 먼 거리를 이동해요! 제왕나비는 다른 나비보다 수명이 길어 6~8개월을 사는데, 겨울을 보내고 이듬해 봄에 겨울잠에서 깨어나 자기가 떠나온 서식지로 다시 날아간다고 해요.

숲속에 다양한 곤충이 숨어 있어요. 아래에 적힌 곤충 이름을 보고, 그림에서 모두 찾아 ○ 해 보세요.

나비	사마귀	사슴벌레	장수풍뎅이

거미류

거미류 동물에는 거미, 전갈, 진드기 등이 있어요. 곤충과 달리 머리와 가슴이 붙어 있기 때문에, 몸이 '머리가슴'과 '배', 둘로 나뉘어요. 머리가슴에 8개의 다리가 달려 있지요. 거미류 동물들은 대개 딱딱한 몸을 가지고 있어 탈피를 하면서 성장해요.

타란툴라는
독을 가진
커다란 몸집의
거미야!

고민 상담소

다 물어보흑

다흑 님, 안녕하세요?

저는 초등학교 4학년 김사라예요. 저희 집은 오랫동안 강아지를 키우고 있어서 반려동물은 강아지가 최고라고 생각해 왔어요. 하지만 얼마 전에 부모님과 함께 방문한 애니멀 포럼에서 챠코골덴니를 본 후, 타란튤라의 매력에 흠뻑 빠져 버렸어요.

타란튤라의 다양한 색깔도 멋지고 거미줄 치는 모습도 무척 신기했어요. 그래서 타란튤라를 키우려고 하는데, 초등학생인 제가 키울 수 있는 타란튤라를 추천해 주세요!

타란튤라를 키우고픈

김사라 올림

타란툴라는 종류가 어떻게 나뉘나요?

타란툴라는 사는 곳에 따라서 뉴월드종, 올드월드종으로 구분해요. 생활 습성에 따라 움직임이 활발한 배회성, 땅속에 굴을 파 생활하는 버로우성, 나무 위에 사는 교목성의 세 종류로 구분하기도 해요.

처음 키울 때 추천하는 타란툴라가 있나요?

처음 타란툴라를 키우는 분께는 뉴월드종 타란툴라인 칠리안 로즈헤어와 챠코골덴니를 추천해요. 성격이 온순하고 독성이 약한 데다 움직임이 활발한 배회성 타란툴라들이거든요.

타란툴라를 맨손으로 만져도 되나요?

독거미인 타란툴라는 손으로 만지면 위험한 동물이에요. 독성이 약하더라도 털 날림 등으로 알레르기가 생길 수 있고요. 타란툴라를 옮길 때는 꼭 장갑 착용 후 핀셋을 사용해 주세요.

타란툴라의 일생 다섯 컷

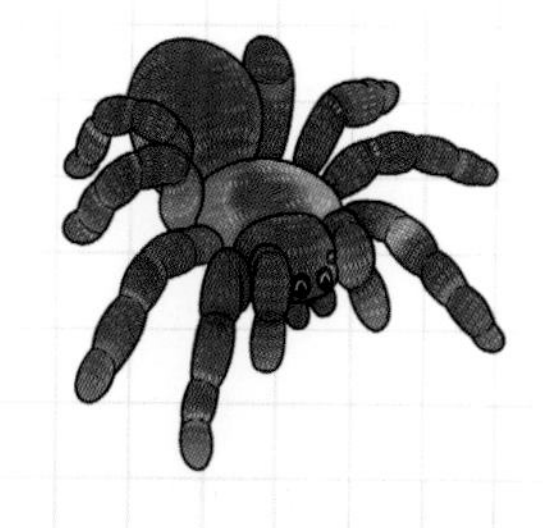

알 알집 속의 알들은 2~3개월 뒤에
부화해요.

님프 알에서 막 부화한 상태로,
2~3주 지내요.

스파이더링 님프가 탈피한 이후로,
2~3주 자라요.

유체 탈피를
거듭하면서 1~4년
동안 몸집이 커져요.

성체 몸집이 크고
발색이 더욱
화려해져요.

어떻게 키워야 하나요?

타란툴라를 잘 키우려면 무엇을 준비해야 하나요?

타란툴라를 키우려면 뚜껑 있는 사육통과 바닥재(코코피트를 주로 사용해요.), 먹이(밀웜, 쌍별귀뚜라미 등), 은신처로 쓰일 유목이나 코르크보드, 물그릇 등을 준비해 주세요. 습도를 조절해 줄 분무기와 타란툴라를 이동시킬 때 쓰는 핀셋도 준비해 둡니다.

타란툴라의 사육장을 만들 때 주의할 점이 있나요?

타란툴라의 습성에 따라 사육장 크기가 달라져요. 배회성 타란툴라는 널찍한 사육통을, 교목성 타란툴라는 높이가 높은 사육통을 준비해 바닥재를 깔아 주세요.

사육장은 직사광선이 들지 않고, 온도와 습도 변화가 크지 않은 곳에 놓아 주세요. 공기가 잘 통하지 않으면 곰팡이가 생기기 쉬우니 환기가 잘되는 장소에서 키우는 것이 중요합니다.

버로우성 타란툴라는 바닥재를 좀 더 두껍게 깔아 주는 것이 좋습니다. 은신처와 물그릇까지 넣으면 타란툴라의 집 완성!

뉴월드? 올드월드?

타란튤라는 전 세계적으로 약 1,500종 정도 있다고 해. 앞에서 말한 것처럼 사는 지역에 따라 뉴월드종과 올드월드종으로 나누기도 해. 뉴월드종은 아메리카 대륙에 사는 타란튤라를, 올드월드종은 아시아와 아프리카, 오세아니아 대륙에 사는 타란튤라를 뜻해.

뉴월드종은 성격이 온순하고 독이 약해서 초보자가 키우기 좋아. 칠리안로즈헤어, 챠코골덴니 등이 있지. 다만 털 날림이 있는 편이야. 이에 반해 올드월드종은 털 날림은 적지만 독성이 강하고 공격적인 특성을 가졌어. 코발트 블루와 구티사파이어오너멘탈 등이 있어.

사는 곳에 따라
독성도 다르대!

종류를 알아보자!

1

챠코골덴니

몸길이	15~20cm
수명	5~10년
분포 지역	브라질, 아르헨티나
특이 사항	셀먼핑크버드이터, 자이언트화이트니와 함께 체력과 먹성이 좋은 종으로 분류해요.

2

칠리안로즈헤어

몸길이	13~15cm
수명	5~10년
분포 지역	칠레 북부, 볼리비아, 아르헨티나
특이 사항	이름에 '로즈'가 들어가지만 생각보다 몸 색깔이 붉지 않아요.

3

자이언트화이트니

몸길이	18~22cm
수명	3~10년
분포 지역	브라질 북부
특이 사항	무릎에 흰색 줄이 있어서 이름에 '화이트니(White Knee)'가 들어가요.

4

그린보틀블루

몸길이	10~15cm
수명	2~10년
분포 지역	베네수엘라
특이 사항	화려한 색이 특징이에요. '그린볼'이라고도 불러요.

정말 거대한 타란툴라야!

5

골리앗버드이터

몸길이	최대 30cm
수명	3~10년
분포 지역	남아메리카 아마존강 유역
특이 사항	'세계에서 가장 거대한 거미'로 알려져 있어요.

6

브라질리안블랙

몸길이	최대 18cm
수명	5년 이상
분포 지역	브라질, 우루과이
특이 사항	장수하는 타란툴라로, 암컷은 20년까지도 살아요.

1. 아래에서 자이언트화이트니를 찾아 괄호 안에 번호를 써 보세요. (   )

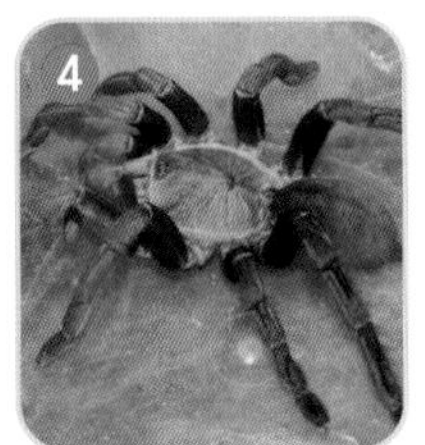

2. 아래는 배회성 타란툴라에 대한 설명이에요. 설명을 잘 읽고, 괄호 안에 옳은 설명에는 ○를, 틀린 설명에는 ×를 써 보세요.

- 움직임이 활발해요. (   )
- 땅속에 굴을 파서 숨어요. (   )
- 칠리안로즈헤어, 챠코골덴니 등이 있어요. (   )

거미계의 보석 브라질리안쥬얼

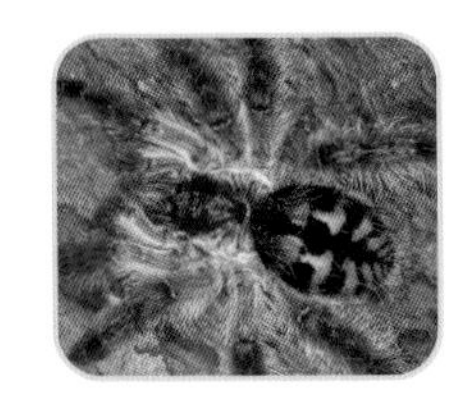

브라질리안쥬얼은 브라질에 사는 교목성의 타란툴라로, 화려하고 아름다운 타란툴라 중 하나로 꼽혀요. 다 자란 크기가 4~5cm 정도인 소형종으로, 몸 색깔이 다양해서 인기가 무척 많아요. 성격도 온순한 편이고요. 하지만 산란 숫자가 매우 적어서 반려용으로 키우기 쉽지 않은 종이에요.

다흑 님, 안녕하세요?

저는 타란툴라를 무척 좋아하는 초등학교 5학년 상우예요. 얼마 전부터 타란툴라 3마리를 입양해서 키우고 있어요. 매일 사진을 찍고 관찰 일지도 꼼꼼히 쓰면서 전문 브리더를 꿈꾸고 있답니다.
그런데 며칠 전부터 타일랜드제브라 한 마리가 몸을 뒤집은 채 그대로 누워만 있어요. 밥도 안 먹고요. 혹시 어떤 병에 걸린 걸까요? 너무 걱정이 되는데, 왜 그런 건지 꼭 좀 알려 주세요!

타란툴라를 사랑하는
예비 브리더 상우 올림

타란툴라가 몸을 뒤집고 누워 있어요. 왜 그런 건가요?

사육 환경에 문제가 없고 최근 들어 갑자기 그런다면 탈피 기간일 수 있어요. 타란툴라는 탈피할 때 몸을 뒤집은 채 가만히 누워 있어요. 이때는 먹이도 잘 먹지 않아요. 예민한 시기이니 진동이나 소음이 발생하는 것을 예방하는 차원에서 먹이도 일주일에 한 번 정도만 주세요.

탈피를 알아차릴 방법이 있을까요?

타란툴라는 탈피하기 전에 몸 색깔이 어두워져요. 먹이도 거의 먹지 않는데 이 기간이 일주일에서 한 달 정도 됩니다.

타란툴라를 키울 때 또 유의할 점이 있나요?

타란툴라는 사마귀처럼 동족포식을 하는 동물이에요. 여러 마리를 같이 키우면 안 되겠지요? 한 마리당 하나의 사육장을 마련하여 각각 키워 주세요.

어떻게 키워야 하나요?

타란툴라의 먹이는 어떻게 주어야 할까요?

타란툴라 유체는 크기가 작은 밀웜이나 귀뚜라미를, 성체는 크기에 따라 슈퍼 밀웜, 귀뚜라미, 쥐를 주기도 해요.
종에 따라 좋아하는 먹이가 다를 수 있으니 여러 가지를 먹여 본 다음 좋아하는 먹이를 주세요. 야생에서 잡은 곤충은 기생충이 있을 수 있으니 검증된 사육용 먹이를 주는 것이 좋습니다.

먹이를 먹지 않으려 할 때는 어떻게 하나요?

먹이는 보통 일주일에 두 번 정도 주는데, 배가 부르거나 탈피 기간, 산란 시에는 먹이를 잘 먹지 않아요. 모든 게 예민한 시기입니다. 살아 있는 먹이보다는 죽은 먹이로 주세요.

낙타거미는 거미일까, 아닐까?

가윗날처럼 생긴 거대한 집게턱이 인상적인 낙타거미는 중동과 아프리카, 북아메리카의 사막과 동남아시아의 열대 지방에 살고 있어. 낙타의 시체를 뜯어먹는 무시무시한 모습을 보여서 '낙타거미'란 이름이 붙었지만, 사실 낙타가 아닌 낙타 시체에 몰려드는 다른 벌레들을 먹는 것이라고 해.

그늘을 좋아하는 습성이 있어서 사람 그림자를 쫓아 움직이는데, 이 모습 때문에 공포의 대상이 되기도 했어. 또 몸놀림이 무척 빠르고 성격도 사나운 편이야.
낙타거미는 이름에도 거미가 들어가고, 생김새도 거미 같지만 분류상으로는 전갈에 더 가깝다고 해. 실제로 거미줄도 칠 수 없대.

종류를 알아보자!

1

말레이시아어스타이거

몸길이 17~20cm

수명 3~10년

분포 지역 말레이시아

특이 사항 몸 색깔이 화려해서 '아시아의 여왕'으로도 불러요.

2

구티사파이어오너멘탈

몸길이 15~18cm

수명 3~10년

분포 지역 인도

특이 사항 사파이어 보석과 비슷한 아름다운 몸 색깔 때문에 인기가 많아요.

3

타일랜드제브라

몸길이	수컷 12cm 암컷 15cm
수명	5~15년
분포 지역	태국
특이 사항	굴을 만들 때, 입구를 높이 쌓아 올리는 특성이 있어요.

4

코발트블루

몸길이	12~14cm
수명	5~15년
분포 지역	태국, 베트남, 미얀마
특이 사항	독성이 강한 편이에요. 수컷은 대체로 갈색을 띠어요.

오렌지색
타란툴라야!

5

우잠바라오렌지바분

몸길이	수컷 7~10cm 암컷 10~14cm
수명	3~12년
분포 지역	케냐, 탄자니아, 잠비아, 콩고
특이 사항	합사가 가능한 몇 안 되는 타란툴라 중 하나예요.

6

킹바분

몸길이	15~20cm
수명	5년 이상
분포 지역	케냐, 탄자니아
특이 사항	성장 속도가 매우 느리지만, 그만큼 수명도 길어요. 암컷은 20년 이상도 살아요.

1. 아래에서 킹바분을 찾아 괄호 안에 번호를 써 보세요. ( )

2. 아래는 타란툴라 사육에 대한 설명이에요. 설명을 잘 읽고, 괄호 인에 옳은 설명에는 ○를, 틀린 설명에는 ×를 써 보세요.

- 모든 타란툴라는 여러 마리를 합사할 수 있어요. ( )
- 유체는 크기가 작은 밀웜이나 귀뚜라미를 먹어요. ( )
- 탈피할 때는 먹이를 더 자주 줘요. ( )

타란툴라도 거미줄로 먹이를 잡을까?

거미는 대부분 먹이를 잡기 위해 거미줄을 쳐요. 하지만 몸집이 큰 타란툴라는 먹이 사냥보다는 먹이 저장, 은신처 확보, 알 보호를 위해 거미줄을 쳐요. 타란툴라 암컷은 둥지 모양의 거미줄을 쳐서 그 위에 알을 낳고 둥근 알집을 만들어요. 이때의 거미줄은 질기고 두꺼워 알을 보호하기에 적합해요.

고민 상담소

다 물어보흑

다흑 님, 안녕하세요?

저는 한 달 전부터 아시안포레스트인 '휙휙이'를 키우고 있는 초등학생 전가람이에요.
휙휙이는 크고 멋진 집게발을 휙휙 잘 휘둘러서 지은 이름이랍니다. 매일매일 보살피며 관찰하는데, 어젯밤에 전갈 집 안에 뭔가 이상한 게 눈에 띄었어요. 자세히 살펴보니, 작고 하얀 벌레가 있더라고요!
다흑 님, 이 벌레의 정체는 무엇이고 어떻게 없애야 하는 걸까요? 해결책을 알려 주세요!

멋진 전갈을 키우는
전가람 올림

전갈에는 어떤 종류가 있나요?

전갈은 사는 곳과 습성에 따라 열대 우림에 사는 습계 전갈, 사막에 사는 건계 전갈로 나눌 수 있어요. 그 밖에 너무 건조하지도 습하지도 않은 곳에 사는 반건계 전갈, 나무 위에 사는 바크 전갈도 있습니다.

처음 키우기 좋은 전갈은 어떤 종인가요?

처음 키울 때는 습계 전갈을 많이 키웁니다. 습계 전갈은 몸집이 크고 집게의 힘은 강하지만, 독이 약한 편이거든요. 대표적인 습계 전갈로 아시안포레스트, 황제전갈이 있습니다.

전갈 집 안에 하얀 벌레가 생겼어요!

아시안포레스트 등의 습계 전갈은 사육장의 습도가 높다 보니 진드기목의 '응애' 같은 작은 벌레가 생길 수 있어요. 먹이 찌꺼기를 자주 치워 주고, 환기를 잘 시키면 벌레 생기는 것을 막을 수 있습니다.

전갈의
일
생
세
컷

스콜플링 알에서 막 부화한 새끼들은
어미 등 위에서 1~2주 지내요.

유체 탈피를 6~7번 거듭하며 자라나요.

성체 집게가 단단해지면서
멋진 전갈이 되어요.

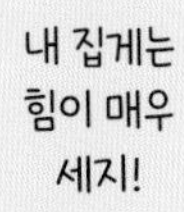
내 집게는
힘이 매우
세지!

어떻게 키워야 하나요?

습계 전갈을 키우려면 어떤 것을 준비해야 하나요?

뚜껑이 있는 사육통과 바닥재(코코피트를 주로 사용해요.), 시기에 알맞은 먹이(밀웜, 귀뚜라미 등), 은신처로 쓰일 만한 납작한 돌이나 나무 껍데기, 물그릇, 옮길 때 사용할 핀셋 등을 준비해 주세요. 습도 유지를 위해 분무기도 있으면 좋습니다.

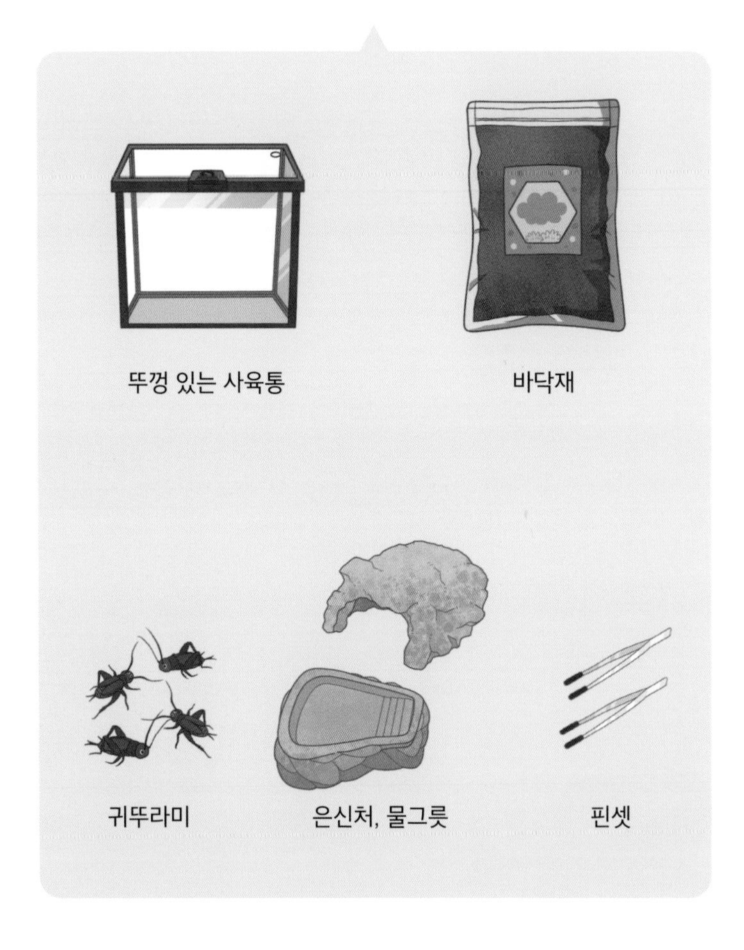

사육장을 만들 때 주의해야 할 것이 있을까요?

전갈은 작은 틈만 있어도 금세 빠져나가는 날렵한 몸을 가지고 있어요. 꼭 뚜껑이 확실히 닫히는 사육통을 준비해요.

습계 전갈은 사육장 내부의 습도가 높고 따뜻하게 유지되어야 합니다. 섭씨 28도 전후에서 왕성하게 활동한다고 하니 온도를 최대한 맞춰 주세요.

전갈이 먹고 난 다음 남은 먹이는 제때 치워서 사육장 안이 오염되지 않도록 해 주세요.

숲속이 좋아! VS 사막이 좋아!

전갈은 크게 습계 전갈과 건계 전갈로 나뉜다고 했지? 습계 전갈은 주로 인도나 말레이시아 등 습도가 높은 열대 우림 지역에 살면서 덩치가 크고 집게의 힘이 강해. 독침도 크지만 독은 약한 편이야. 크고 검은 몸에 광택이 있는 집게를 휘두르는 모습이 아주 멋져.

우리가 보통 생각하는 '전갈'의 이미지는 건계 전갈의 모습에 가까워. 건계 전갈은 습계 전갈과 정반대의 특징을 가졌지. 덩치가 작고 꼬리의 독이 강해. 건계 전갈은 건조한 사막에서 생활하며 포식자로부터 몸을 보호하기 위해 몸 색깔이 모래색과 비슷한 황갈색이야.

종류를 알아보자!

1

아시안포레스트

몸길이	12~16cm
수명	5~10년
분포 지역	동남아시아
특이 사항	습계 전갈의 대표종이에요.

2

황제전갈

길이	18~20cm
수명	6~8년
분포 지역	서아프리카의 열대 우림과 사바나 지역
특이 사항	몸무게가 가장 많이 나가는 전갈이에요. 국제 거래 규제종이에요.

꼬리를 치켜든
모습이 멋지지?

3

인디언자이언트블랙

몸길이	20~28cm
수명	10~15년
분포 지역	인도
특이 사항	전갈 중에서 몸길이가 가장 길어요.

4

레드크로우

몸길이	14~16cm
수명	7~10년
분포 지역	탄자니아, 모잠비크, 에티오피아
특이 사항	집게가 붉은색이에요. 독성이 3등급으로, 습계 전갈 중에선 강한 편이에요.

열대 우림에
사는 전갈이야!

5

말레이시아자이언트블루

몸길이 11~16cm

수명 10~15년

분포 지역 말레이시아

특이 사항 집게가 길쭉하고 몸에서 광택이 강하게 나요.

6

드워프우드

몸길이 3~5cm

수명 3~6년

분포 지역 필리핀, 인도네시아, 호주

특이 사항 습계 전갈 중에서 드물게 몸집이 작아서, 이름에 난쟁이를 뜻하는 '드워프'가 들어가요.

1. 아래에서 황제전갈을 찾아 괄호 안에 번호를 써 보세요. (　　　)

2. 아래는 습계 전갈에 대한 설명이에요. 설명을 잘 읽고, 괄호 안에 옳은 설명에는 ○를, 틀린 설명에는 ×를 써 보세요.

- 독성이 강하고 꼬리가 굵어요. (　　　)
- 동남아시아의 숲속에 주로 살아요. (　　　)
- 건계 전갈보다 몸집이 작고 가벼워요. (　　　)

전갈의 무시무시한 독 등급

전갈의 독은 1~5등급으로 나뉘는데, 등급이 내려갈수록 독의 강도가 약해져요. 대부분의 습계 전갈과 극동전갈의 독은 가장 약한 4~5등급으로, 바늘에 찔린 정도의 고통이 10분가량 지속된다고 해요. 3등급 독을 가진 사우스아프리칸틱테일의 꼬리에 찔리면 고통이 하루쯤 이어져요. 1~2등급인 사막 전갈 옐로우팻테일과 데스스토커의 독은 수십 가지 신경독이 섞여 있어서 사람에게 무척 치명적이에요.

고민 상담소

다 물어보흑

다흑 님, 안녕하세요?

저는 전갈을 좋아하는 초등학생 준수예요.
얼마 전에 친척집에 놀러 갔다가 사촌 형이랑 함께 TV 다큐멘터리를 봤는데, 아프리카 사막에 사는 멋진 전갈이 나왔어요.
저도 키우고 싶다고 했더니 사촌 형은 사막에 사는 전갈은 독성도 강하고 사육장 관리도 까다로워 반려하기 어렵다고 얘기하더라고요. 그래서 더 궁금해졌어요.
다흑 님, 이 전갈들에 대해 알려 주세요!

사막에 사는 전갈이 너무너무 궁금한
초등학생 준수 올림

사막에 사는 전갈은 왜 키우기 어렵나요?

사막에 사는 전갈, 즉 건계 전갈은 습계 전갈과 달리 독성이 강하고 성격이 사나워요. 서식지도 건조한 사막이기 때문에 살던 환경에 맞추는 것이 쉽지 않아요.

환경에 맞추려면 어떻게 해야 하나요?

건계 전갈은 공기가 습하면 진균 등이 생길 수 있어서 건조한 환경을 유지하도록 신경 써야 합니다. 단, 물그릇이나 분무기 등을 준비해서 수분 공급은 해 줘야 하고요.

반려할 수 있는 종이 있다면 추천해 주세요.

국내에서 사육되는 건계 전갈 중에서는 극동전갈이나 호텐토타호텐토타 종이 상대적으로 독이 약하지만, 건계 전갈의 사육은 추천하지 않습니다.

어떻게 키워야 하나요?

건계 전갈 사육장에는 어떤 것이 필요한가요?

습계 전갈과 준비물은 비슷해요. 다만 바닥재는 건조한 환경을 위해 사육용 모래를 준비합니다. 건조한 환경이더라도 물그릇은 필수예요. 특히 유체 때는 탈수로 폐사할 수 있거든요. 전갈이 물에 빠지지 않도록 바닥이 얕은 그릇이 좋습니다. 또 건조한 환경 유지를 위해 습도계도 준비합니다.

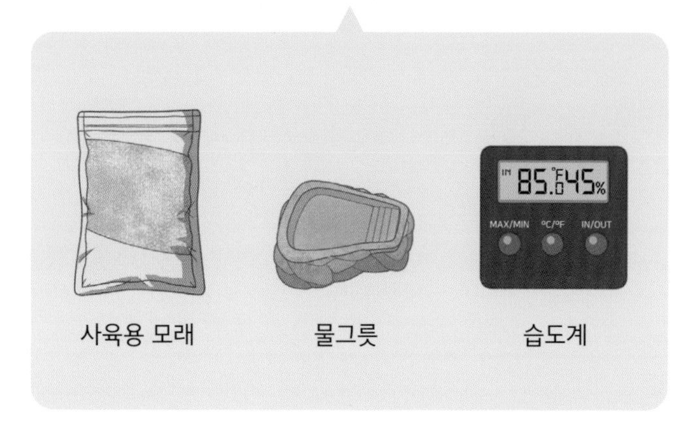

사육 환경을 만들 때 주의할 점이 있나요?

대부분의 건계 전갈은 굴을 파서 생활하는 습성이 있어요. 사육장 안에 모래를 되도록 높이 쌓아야 합니다.

암컷 혼자 새끼를 낳는다고?

대부분의 동물은 암컷과 수컷이 짝짓기를 해서 새끼를 낳고 번식을 해. 그런데 수컷 없이 암컷 혼자만 있어도 새끼를 낳을 수 있는 경우가 있는데, 이를 '단위 생식'이라고 해. 전갈 중에도 단위 생식을 하는 전갈이 있는데, 어떤 전갈인지 알아볼까?

습계 전갈인 드워프우드와 건계 전갈인 호텐토타호텐토타는 단위 생식을 하는 대표적인 전갈로, 암컷 한 마리만 있어도 번식이 가능하지. 두 전갈 모두 성장 속도도 빠른 편이라서 알맞은 환경에서 자란다면 태어난 지 1년~1년 반 만에 성체가 되어 새끼를 낳을 수 있어.

종류를 알아보자!

1

극동전갈

몸길이	5~7cm
수명	4~6년
분포 지역	북한, 중국, 일본
특이 사항	한반도에 서식하는 유일한 전갈이에요. 동족포식을 하지 않아 합사가 가능해요.

2

이스라엘리골드

몸길이	6~8cm
수명	5~7년
분포 지역	북아프리카 및 중동 사막
특이 사항	건계 전갈이지만 습계 전갈처럼 집게가 꽤 크고 독이 4등급으로 약한 편이에요.

3

옐로우팻테일

몸길이 6~10cm

수명 6~10년

분포 지역 북아프리카 및 서남아시아

특이 사항 독성이 매우 강한 전갈로, 꼬리가 두껍고 튼튼해요.

4

사우스아프리칸틱테일

몸길이 8~10cm

수명 5~10년

분포 지역 아프리카 남동부

특이 사항 데스스토커나 옐로우팻테일만큼은 아니지만 독성이 3등급으로 강한 편이에요.

5

데스스토커

몸길이 6~11cm

수명 6~8년

분포 지역 북아프리카 및 서남아시아

특이 사항 1등급의 무시무시한 독을 가진 전갈이에요.

6

데저트헤어리

몸길이 13~15cm

수명 15~25년

분포 지역 미국 남서부, 멕시코

특이 사항 건계 전갈 중 손에 꼽히는 대형종이에요. 3등급 독을 가졌어요.

건계 전갈 퀴즈!

1. 아래에서 데스스토커를 찾아 괄호 안에 번호를 써 보세요. (　　)

2. 아래는 건계 전갈에 대한 설명이에요. 설명을 잘 읽고, 괄호 안에 옳은 설명에는 ○를, 틀린 설명에는 ×를 써 보세요.

- 사막에 사는 전갈이에요. (　　)
- 독성이 거의 없어요. (　　)
- 수분 공급은 하지 않아도 괜찮아요. (　　)

전갈 VS 타란툴라 둘이 싸운다면?

강력한 독을 가진 타란툴라와 전갈이 싸운다면 과연 누가 이길까요? 가장 큰 전갈인 인디언자이언트블랙이 강력한 집게로 공격해도 타란툴라가 탈피한다면 회복될 수 있어요. 가장 큰 타란툴라인 골리앗버드이터의 날카로운 송곳니는 전갈의 딱딱한 몸을 쉽게 뚫지 못해요. 타란툴라와 전갈의 강력한 독도 상대에게 미치는 영향은 다를 수 있어서, 상대의 크기와 속도, 독성에 따라 결과가 그때그때 달라질 거예요.

배고픈 타란툴라가 먹이를 찾으러 가요. 타란툴라가 먹이를 찾을 수 있게 꼬불꼬불 미로를 따라가 보세요.

다지류

다지류는 절지동물 중에 다리가 많은 종류를 일컫는 말로, 대표적인 동물은 지네와 노래기가 있어요. 몸은 머리와 몸통으로 나뉘는데, 몸통은 여러 개의 마디로 되어 있고 각 마디마다 1쌍 또는 2쌍의 다리가 있어요. 대개 축축한 곳을 좋아하고 야행성이에요.

지네랑
노래기는 몸의
마디마다 다리가
달려 있어!

고민 상담소

다 물어보흑

다흑 님, 안녕하세요?

저는 초등학교 5학년 이진혜라고 해요.
저는 절지동물을 무척 좋아해서 사슴벌레와 타란툴라를 키워 보기도 했어요. 요즘 들어 지네가 너무 멋있어 보여서 부모님을 졸라 키워 보려고 하는데, 엄마는 지네를 집에서 키울 수 없다며 크게 반대하고 계세요.
부모님을 설득할 수 있도록 지네만의 매력과 잘 키우는 방법, 주의 사항을 알려 주세요.
다흑 님, 미리 감사드립니다!

지네를 꼭 키우고 싶은
이진혜 올림

지네의 매력은 무엇일까요?

지네는 종에 따라 다르지만 몸과 다리의 색이 화려해서 관찰하며 키우는 재미가 있습니다. 식성이 좋은 편이라 먹이 주는 것도 어렵지 않아요.

지네의 서식 환경이 까다롭진 않나요?

지네는 습도와 온도만 잘 유지해 주면 성장 속도가 빠르고 생존력도 강해서 크게 손이 가지 않아요. 특히 왕지네는 국내에 서식하는 종이므로 사육 환경을 크게 신경 쓰지 않아도 되는 것이 큰 장점이에요.

지네 먹이는 무엇을 줘야 할까요?

지네는 자연에서 다양한 곤충, 거미 등을 먹어요. 사육용 먹이로는 밀웜과 귀뚜라미가 있어요.

지네의 일생 세 컷

알 어미가 몸을 동그랗게 말아 품은 알은 2~4주 후 부화해요. 부화한 새끼들을 어미가 2주쯤 더 품어요.

유체 어미에게서 독립한 새끼들은 탈피를 거치며 쑥쑥 자라나요.

성체 발색이 또렷해지면서 성체 지네가 되어요.

내 다리가 모두 몇 개게?

어떻게 키워야 하나요?

왕지네를 키우려면 어떤 것들이 필요한가요?

우리나라 지네인 왕지네를 키울 때는 적당한 크기의 사육통과 에코어스 등의 바닥재만 준비하면 크게 신경 쓸 것이 없어요. 먹이로는 사육용 밀웜이나 쌍별귀뚜라미 등을 줍니다. 돌이나 코르크보드, 핀셋과 분무기도 준비해 두는 것이 좋습니다.

사육장을 만들 때 유의해야 할 것이 있나요?

지네는 아주 작은 구멍만 있어도 쉽게 빠져나가기 때문에 높이가 충분히 높고 뚜껑이 확실히 닫히는 사육통을 준비해요.

바닥재는 고르게 깔기보다 높낮이를 주면 온도와 습도를 파악할 수 있어요. 습도가 높거나 탈피 기간에 지네가 높은 곳으로 올라가기 때문에 지네의 상태를 보다 세밀하게 살필 수 있어요.

돌이나 나무토막, 코르크보드 등을 사육장 안에 넣어 은신처를 만들어 주는 것이 좋아요. 은신처가 있으면 지네는 안정감을 느끼며 사냥도 적극적으로 하게 됩니다.

지네 다리는 모두 몇 개일까?

지네의 몸은 여러 개의 마디로 이루어져 있는데, 각 마디마다 다리가 양쪽으로 1쌍(2개)씩 달려 있어. 지네의 종에 따라 다리 개수가 다르기는 하지만, 최소 15쌍(30개)에서 가장 많은 종은 다리가 177쌍(354개)까지 있다고 해. 일반적인 지네의 다리는 약 21쌍(42개) 정도야.

다리 개수가 많으니 움직임이 어려울 것 같다고? 천만에! 지네는 앞다리보다 뒷다리의 길이가 더 길어서 움직일 때 엉킬 위험이 없고, 땅을 디딜 때에는 하나의 점을 정해 놓고 모든 다리가 그 점을 밟고 지나간다고 해.

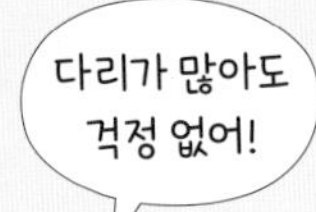

종류를 알아보자!

1

왕지네

몸길이	13~16cm
수명	5~6년
분포 지역	한국, 중국, 일본, 태국
특이 사항	우리나라에서 가장 큰 지네예요. 합사가 가능해요.

2

장수지네

몸길이	6~8cm
수명	4~5년
분포 지역	한국, 호주
특이 사항	우리나라에서 유일하게 파란색 다리를 가진 지네예요. '청지네'로 불리기도 해요.

3

홍지네

몸길이 6~8cm

수명 5~6년

분포 지역 한국

특이 사항 왕지네랑 형태가 비슷하나, 몸집이 작고 몸에서 광택이 더 나요.

4

일본왕지네

몸길이 8~13cm

수명 5~6년

분포 지역 한국, 일본

특이 사항 주 서식지가 일본이라 이름에 '일본'이 들어가지만 우리나라에도 서식하는 지네예요.

지렁이처럼 생긴 지네도 있어!

5

땅지네

몸길이	7~10cm
수명	5~6년
분포 지역	한국, 유럽
특이 사항	분홍색, 연주황색 등의 몸 색깔을 가졌고, 몸통이 아주 가늘어요.

6

돌지네

몸길이	1~2cm
수명	5~6년
분포 지역	전 세계 온대 지방
특이 사항	몸 마디 개수가 다른 지네보다 적어서, 다리 개수도 15쌍(30개)으로 적은 편이에요.

1. 아래에서 장수지네를 찾아 괄호 안에 번호를 써 보세요. (　　　)

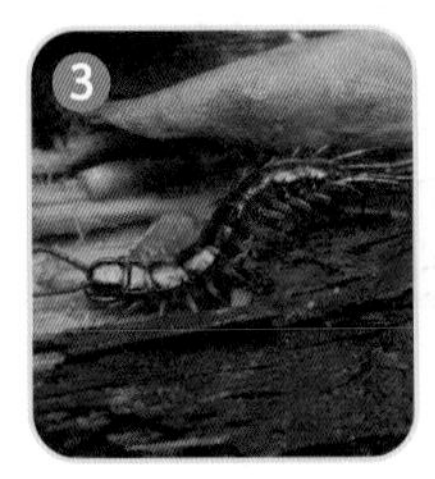

2. 아래는 우리나라에 사는 지네에 대한 설명이에요. 설명을 잘 읽고, 괄호 안에 옳은 설명에는 ○를, 틀린 설명에는 ×를 써 보세요.

- 우리나라에서 가장 큰 지네는 왕지네예요. (　　　)
- 장수지네는 다리가 파란색이에요. (　　　)
- 돌지네는 몸통이 아주 가늘어요. (　　　)

알면 알수록 매력 만점! 지네

'지네' 하면 대개 징그럽고 무서운 벌레로 여기는 사람들이 많아요. 다리 개수가 아주 많은 데다 전래 동화 속 지네들이 괴물의 모습을 하고 있고, 지네에게 물리면 통증이 꽤 심하니까요. 하지만 지네는 다양한 장점이 있는 동물이에요. 해충을 잡아먹어 농작물을 보호하고, 지네 독으로 의학 연구도 하거든요. 또한 왕지네를 키워 본 사람들은 알고 있지요. 지네가 활달한 성격과 놀라운 먹성을 가졌다는 것을요!

고민 상담소

다 물어보흑

다흑 님, 안녕하세요?

저는 타이거렉지네인 '꼬물이'를 키우는 초등학교 6학년 제임스라고 합니다. 꼬물이는 다리색이 호랑이처럼 얼룩무늬인데 수십 개의 다리와 더듬이를 이리저리 움직이는 모습이 얼마나 귀여운지 몰라요!
그런데 얼마 전부터 꼬물이가 밥도 잘 안 먹고 움직이지도 않고 머리를 자꾸 땅에 비벼요. 머리 주변이 약간 붕 뜬 느낌도 있고요. 꼬물이가 병에 걸린 걸까요?
우리 꼬물이가 왜 그런지 알려 주세요!

꼬물이가 무척 걱정되는
제임스 올림

왜 지네가 머리를 땅에 비빌까요?

지네가 머리를 땅에 비빈다면 탈피 기간일 가능성이 커요. 지네는 탈피할 때 잘 움직이지 않고 먹이도 잘 안 먹어요. 이때 수분이 부족하면 머리를 땅에 비빈다고 하니 습도를 높여 주는 것이 좋습니다.

탈피할 때 조심해야 할 것이 있나요?

지네는 탈피하면서 성장하는 동물이에요. 탈피 시기에는 사육장의 습도를 좀 높여 주세요. 평소보다 예민해서 스트레스를 받기 때문에 되도록 주변을 조용하게 유지합니다. 먹이 주는 것도 소음이 생길 수 있고, 이 시기엔 잘 먹지 않으니 평소보다 적은 횟수로 챙겨 주세요.

탈피한 후에는 어떻게 해야 하나요?

지네가 탈피를 끝내면 회복하는 시간이 필요하므로, 평소보다 사육장을 자주 들여다보며 몸 상태를 확인해 주세요.

어떻게 키워야 하나요?

외국 지네를 키우려면 어떤 점을 유의해야 하나요?

외국 지네를 키우려면 사육장을 원래 서식했던 환경과 최대한 비슷하게 만들어 주는 것이 좋습니다. 정글에 서식하는 지네는 습기가 많은 흙을 깔아 주고, 물그릇과 분무를 통해 습도를 높여 줍니다. 은신처로 돌보다는 낙엽이나 코르크보드를 넣어 주세요.

외국 지네 사육장

분무기

사육장을 관리할 때 특히 유의할 점을 알려 주세요.

원래 서식지의 온도와 습도를 맞춰 주는 조절 장치가 필요할 수도 있어요. 온습도계를 준비하고, 때에 따라 전기장판이나 담요 등을 적절하게 쓴다면 사육에 도움이 될 거예요.

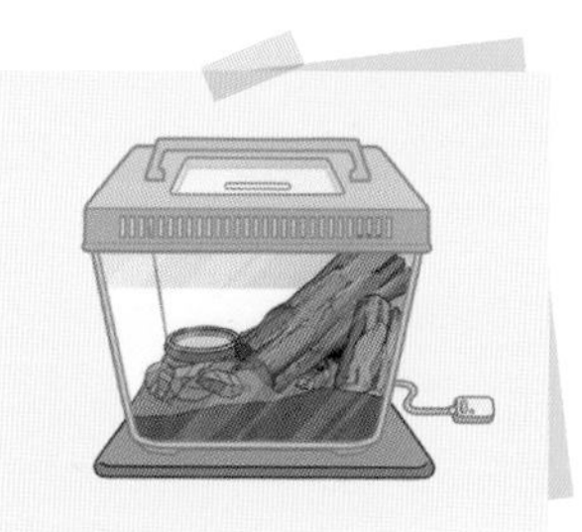

지네계의 4대 천왕이 있다고?

우리나라 왕지네도 몸집이 크지만, 외국 왕지네들의 몸집은 진짜 어마어마해. 그중에서도 몇몇 지네들은 거대한 크기와 빠른 성장으로 유명하지. 남아메리카에 거대 지네 4대 천왕이 있다는데, 어떤 종들인지 알아볼까?

아마존왕지네, 갈라파고스왕지네, 위리디코르니스왕지네, 로부스타왕지네까지 이 네 종을 일컬어 4대 천왕이라고 불러. 앞에서 봤던 우리나라 지네들과의 크기 차이가 사진에서도 느껴지지 않니? 몸길이 30cm가 넘는 이 거대 지네들은 곤충뿐 아니라, 박쥐나 작은 도마뱀까지 잡아먹는대!

종류를 알아보자!

1

아마존왕지네

몸길이 35~40cm

수명 7~10년

분포 지역 남아메리카 북부의 열대 우림

특이 사항 가장 거대한 지네 중 하나로, '기간티아'라고도 해요.

2

갈라파고스왕지네

몸길이 35~40cm

수명 7~10년

분포 지역 에콰도르, 페루, 갈라파고스 제도

특이 사항 성격이 난폭하며 몸통과 다리 색깔이 다양해요.

3

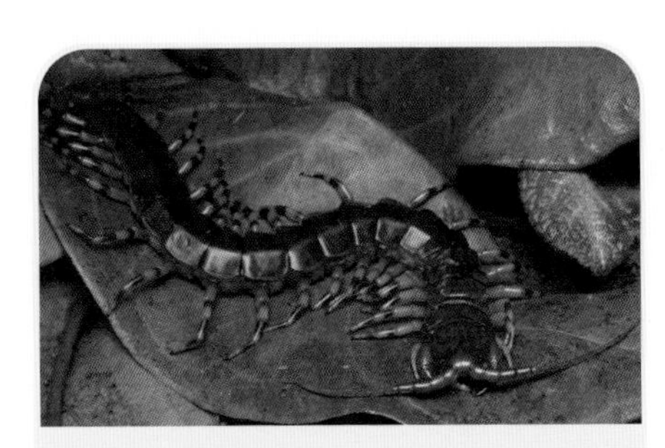

위리디코르르니스왕지네

몸길이	25~30cm
수명	10년
분포 지역	남아메리카
특이 사항	지네 중에 가장 강력한 독을 가지고 있어요.

4

하드위키지네

몸길이	15~20cm
수명	10년
분포 지역	인도 남부
특이 사항	호랑이 줄무늬처럼 마디마다 주황색과 검은색의 조화가 강렬해요.

다리 색이
멋지다!

5

플레임렉지네

몸길이	20~30cm
수명	10년
분포 지역	동남아시아
특이 사항	동남아시아에서 가장 큰 지네예요. 다리 색깔이 붉어요.

6

타이거렉지네

몸길이	18~25cm
수명	10년
분포 지역	중국
특이 사항	성체가 되면 노란색 다리 끝부분이 검은색으로 변해, 호랑이 줄무늬처럼 보여요.

1. 아래에서 타이거렉지네를 찾아 괄호 안에 번호를 써 보세요. ( )

2. 아래는 외국 지네에 대한 설명이에요. 설명을 잘 읽고, 괄호 안에 옳은 설명에는 ○를, 틀린 설명에는 ×를 써 보세요.

- 탈피할 때는 먹이를 자주 줘요. ( )
- 남아메리카의 지네들은 크기가 무척 커요. ( )
- 타이거렉지네는 몸통에 호랑이 줄무늬가 있어요. ( )

만일 지네에게 물렸다면?

갑자기 지네에게 물리면 놀라고 당황할 수 있어요. 이때는 즉시 비누와 깨끗한 물로 상처 부위를 충분히 씻어 줍니다. 지네의 독은 산성이라 알칼리성인 비누로 씻으면 통증을 줄이고 독을 중화시킬 수 있어요. 지네의 독은 사람에게 치명적이지는 않지만, 일레르기 반응이 일어나거나 심한 통증과 붓기, 가려움증 등이 나타날 수 있어요. 꼭 병원에 가서 진료를 받고 주사나 약을 처방받는 것이 안전합니다.

고민 상담소

다 물어보흑

다흑 님, 안녕하세요?

저는 노래기 입양을 앞두고 있는 중학교 1학년 노기태라고 합니다.
제가 데려올 녀석은 '아프리카자이언트밀리피드'라는 대형 노래기예요. 주로 과일이나 채소를 먹고, 관리만 잘하면 꽤 오래 산다고 들었어요! 오래오래 같이 살고 싶어요.
다흑 님, 제가 이 녀석을 건강하게 잘 키울 수 있도록 다양한 정보를 알려 주세요!

노래기 입양을 앞두고 설렘 가득한
노기태 올림

노래기의 매력에 대해 알려 주세요!

노래기는 성질이 순하고, 느릿느릿 움직이는 모습이 귀여운 절지동물이에요. 주로 톱밥이나 채소 위주로 식사하기 때문에 먹이 구하기도 어렵지 않습니다.

혹시 노래기에게 독이 있나요?

독이 있는 종도 있지만, 보통 우리가 키우는 노래기는 독이 없는 종이에요. 다만 독이 없는 노래기도 위협을 받으면 몸을 돌돌 말고 특유의 냄새를 풍기는데, 누린내가 나서 불쾌감을 느낄 수는 있어요.

그럼 손으로 만져 봐도 될까요?

만진다고 사람에게 해가 있지는 않지만, 노래기는 진동을 감지하면 위협을 느끼기 때문에 스트레스를 받을 수 있습니다. 되도록 손으로 만지거나 들어 올리는 행동은 하지 않는 것이 좋겠지요?

노래기의 일생 네 컷

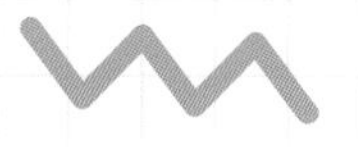

마디마다
다리가 4개씩
있지!

어떻게 키워야 하나요?

노래기를 키우려면 준비물에는 뭐가 있나요?

노래기를 키울 때 준비할 것들은 많지 않아요. 바닥재인 발효 톱밥과 적당한 크기의 사육통, 먹이만 있으면 사육이 가능하답니다. 먹이는 종에 따라 채소와 과일 등을 주거나 밀웜을 으깨 줍니다. 낙엽이나 이끼, 나뭇가지 등을 넣어 주면 습도 유지에 좋습니다.

노래기 사육장을 만들 때 특히 주의할 점이 있나요?

사육통에 발효 톱밥을 넉넉히 깔아요. 바닥재로 쓰이는 발효 톱밥은 먹이 역할도 하지요.

사육장에 물그릇을 넣어 주면 습도 유지에 도움이 됩니다. 물그릇 대신 이끼류 등을 사육장 군데군데 깔아 주는 것도 좋고요.

코르크보드나 낙엽, 나뭇가지를 넣어 주면 은신처 역할을 해요. 먹이를 줄 때 칼슘제나 달걀 껍데기 빻은 것을 같이 주면 성장에 도움이 됩니다.

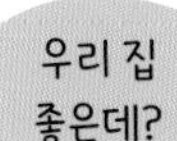

다리가 무려 1,306개?!

노래기는 세상에서 다리 개수가 가장 많은 동물이야. 몸의 마디마다 다리가 4개씩 있는데, 대부분의 노래기는 40~400개의 다리를 가지고 있어. 그런데 최근에 1,000개 넘는 다리를 가진 노래기가 발견되었지!

그 주인공은 호주에 사는 노래기인 '유밀리페스페르세포네'야. 몸길이 10cm에 굵기가 약 1mm인 실처럼 길쭉한 노래기로, 무려 1,306개의 다리를 가졌다고 해. 이 노래기는 호주 남서부 사막의 깊은 땅속에서 발견되었어.

종류를 알아보자!

1

아프리카자이언트밀리피드

몸길이	25cm 이상
수명	5~10년
분포 지역	아프리카 동부
특이 사항	노래기 중 가장 큰 종이에요. 30cm가 넘게 자라기도 해요.

2

플랫밀리피드

몸길이	8cm
수명	2년
분포 지역	나이지리아, 토고, 가나
특이 사항	'갑옷노래기'라고도 불러요.

3

레인보우밀리피드

몸길이 9~15cm

수명 5~8년

분포 지역 베트남, 태국

특이 사항 몸통에 길게 빨간 줄이 있으며, 더듬이와 다리도 빨간색이에요.

4

스칼렛밀리피드

몸길이 9~15cm

수명 5~8년

분포 지역 베트남, 태국

특이 사항 '러스티레드밀리피드'라고도 불러요. 몸 색깔이 붉어요.

정말 깃털처럼 생겼어!

5

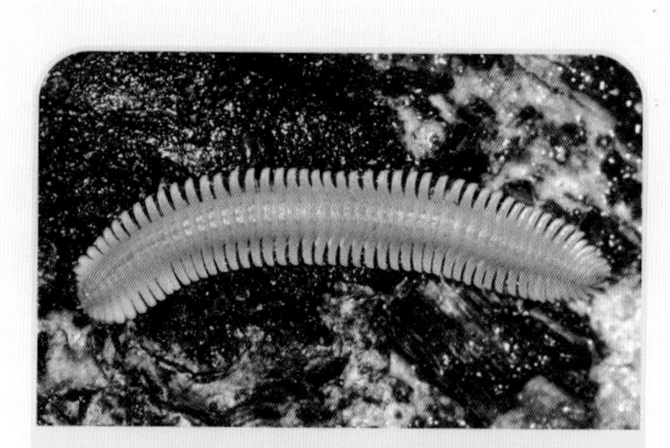

누들아이보리밀리피드

몸길이	3~5cm
수명	1~2년
분포 지역	동남아시아, 북아메리카, 일본
특이 사항	'깃털노래기'라고도 불러요. 다리가 옆으로 뻗어 있어요.

6

메가볼

몸길이	2~10cm
수명	1~3년
분포 지역	전 세계 곳곳
특이 사항	몸을 만 모습이 공처럼 동그래서 '공노래기'나 '구슬노래기'라고도 해요.

1. 아래에서 플랫밀리피드를 찾아 괄호 안에 번호를 써 보세요. (　　　)

2. 아래는 노래기에 대한 설명이에요. 설명을 잘 읽고, 괄호 안에 옳은 설명에는 ○를, 틀린 설명에는 ×를 써 보세요.

- 밝고 건조한 환경을 좋아해요. (　　　)
- 위험을 느끼면 몸을 말고 냄새를 뿜어요. (　　　)
- 몸의 마디당 다리가 2개씩 있어요. (　　　)

 검은여우원숭이를 홀리는 노래기의 독

마다가스카르의 검은여우원숭이는 종종 노래기를 잡는데, 잡아먹으려는 건 아니에요. 괴롭혀서 독을 내뿜게 하려는 거예요. 검은여우원숭이는 노래기의 독을 온몸에 발라 모기 등 해충의 공격을 막거든요. 그런데 노래기의 독이 검은여우원숭이에게 또 다른 영향을 미쳐요. 검은여우원숭이가 노래기의 독에 중독되면 독을 계속 온몸에 바르기도 한대요. 그러다 해롱거리면서 환각을 보는 듯한 행동을 하고요.

동굴 속에 지네 세 마리가 옹기종기 모여 있어요. 위아래 그림을 잘 살펴보고, 다른 곳 5군데를 찾아 아래쪽 그림에 ○ 해 보세요.

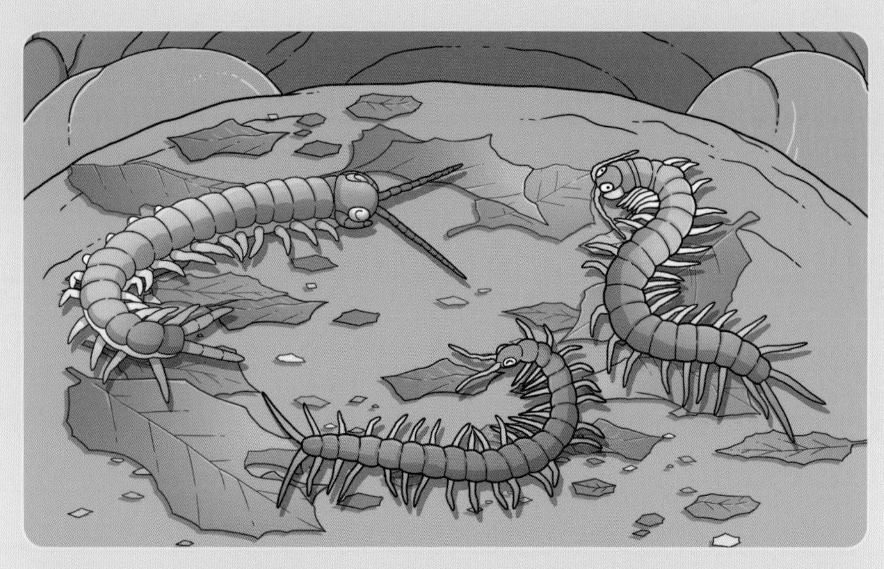

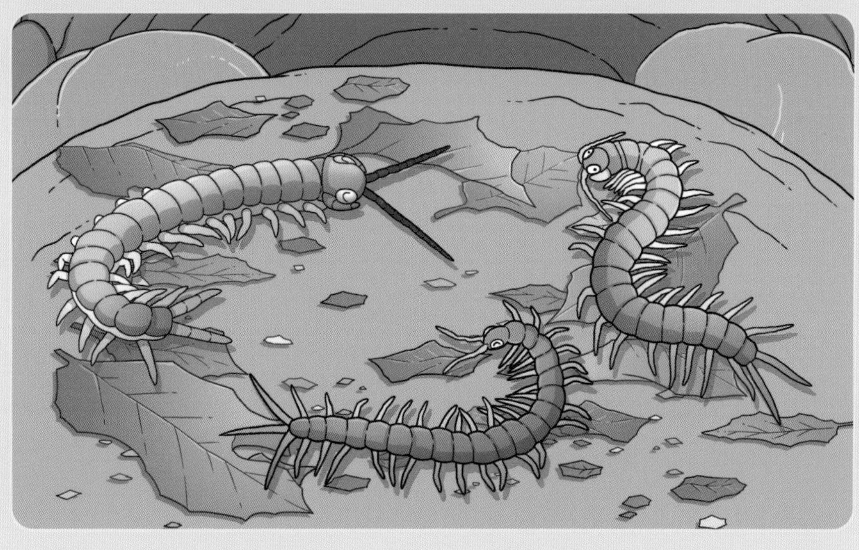

갑각류

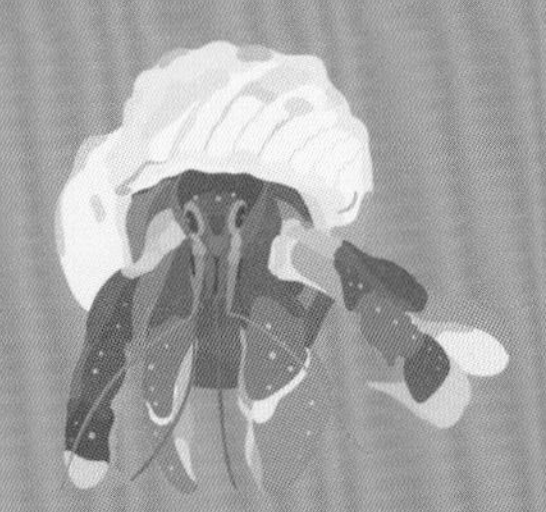

갑각류는 몸이 단단한 껍데기로 덮인 동물로 게, 새우, 가재 등이 있어요. 몸은 머리·가슴·배로 나뉘고, 대부분 물속에서 살며 아가미로 호흡해요. 유생 때 물에 떠다니지만 성체가 되면 몸이 무거워져 바다 바닥이나 육지로 나와 생활하는 경우가 많아요.

소라게는
소라 껍데기를
몸에 짊어지고
살아!

고민 상담소

다 물어보흑

다흑 님, 안녕하세요?

저는 초등학교 4학년 유소라예요.
친구네 집에 갔다가 예쁜 소라게를 보고 홀딱 반해 버려서 저도 이번 주말부터 소라게를 두 마리 키우려고 합니다.
그런데 소라게는 어떻게 키워야 잘 살 수 있을까요? 바닷물과 비슷한 농도로 물도 자주 갈아 줘야 한다는데….
다흑 님, 소라게를 건강하게 오래오래 키울 수 있는 방법을 꼭 알려 주세요!

소라게에 진심인
유소라 올림

소라게를 키울 때 가장 중요한 게 무엇인가요?

반려 소라게의 대부분은 육지에 사는 뭍집게로, 동남아시아나 열대 지역에 사는 외래종이에요. 사육장 온도와 습도를 유지하고, 해수와 담수를 자주 갈아 주는 것이 중요해요.

해수를 공급하기가 어렵지는 않나요?

해수염이 있으면 해수를 직접 만들 수 있어요. 수돗물이나 생수, 정수된 물을 하루 전에 받아 두고, 물 100ml당 해수염 1티스푼을 넣으면 농도가 적당하다고 해요.

어떤 먹이를 주어야 하나요?

소라게는 '바다의 청소부'라고 불릴 정도로 뭐든지 잘 먹는 잡식성 동물이에요. 물고기 사료나 채소, 과일 등을 조금씩 주세요.

소라게의 일생 네컷

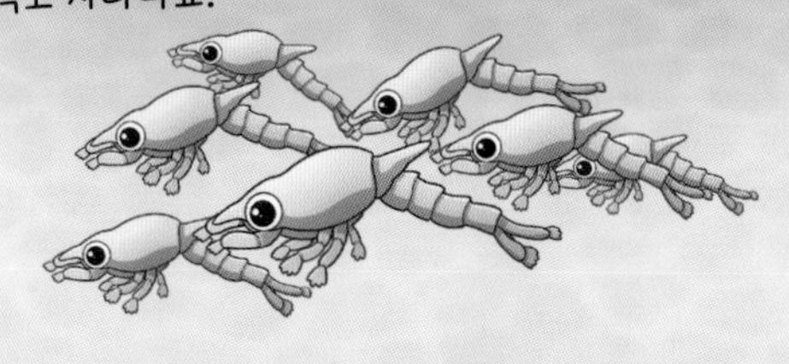

소라 껍데기가
내 집이야!

어떻게 키워야 하나요?

소라게를 잘 키우려면 무엇을 준비해야 있나요?

소라게를 키우려면 뚜껑 있는 사육통과 바닥재(코코피트나 사육용 모래를 주로 사용해요.), 물그릇과 먹이 그릇이 필요합니다. 물그릇은 해수와 담수용 두 가지를 준비합니다. 물고기 사료나 새우, 채소, 과일, 해조류 등을 먹이로 준비하고, 소라 껍데기 여분과 은신처, 놀이목도 군데군데 넣어 주세요.

뚜껑 있는 사육통

바닥재

물고기 사료

소라 껍데기

물그릇

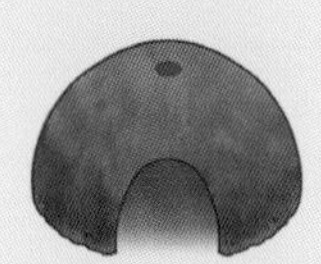

코코넛 은신처

소라껍데기는
놀이터 역할도
한대!

소라게 사육장 꾸미기를 할 때 주의할 점이 있나요?

사육통은 통풍이 잘 되는 것으로 선택하고, 습도는 70~80%를 유지해 주세요. 바닥재는 코코피트나 사육용 모래를 써요.

바닥재는 소라게가 바닥을 파고 들어갈 수 있을 정도로 넉넉하게 깔아 주고, 바닥이 촉촉함을 유지할 수 있게 습도에 신경 써 주세요.

정기적으로 사육장을 청소하고 오염된 먹이나 물은 바로바로 치워 줍니다.
소라게는 사회적 동물이므로 가능하면 두 마리 이상 키우는 것이 좋습니다.

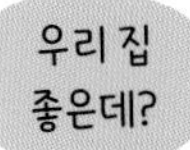

바다 소라게 VS 육지 소라게

소라게는 사는 곳과 습성에 따라 바다 소라게(참집게)와 육지 소라게(뭍집게)로 나뉘어. 바다 소라게는 바위 사이 웅덩이나 갯벌에서 볼 수 있는데, 육지 소라게에 비해 크기가 작아. 물속 생활을 하기 때문에 어항과 여과기를 준비하는 등 사육 조건도 까다로워.

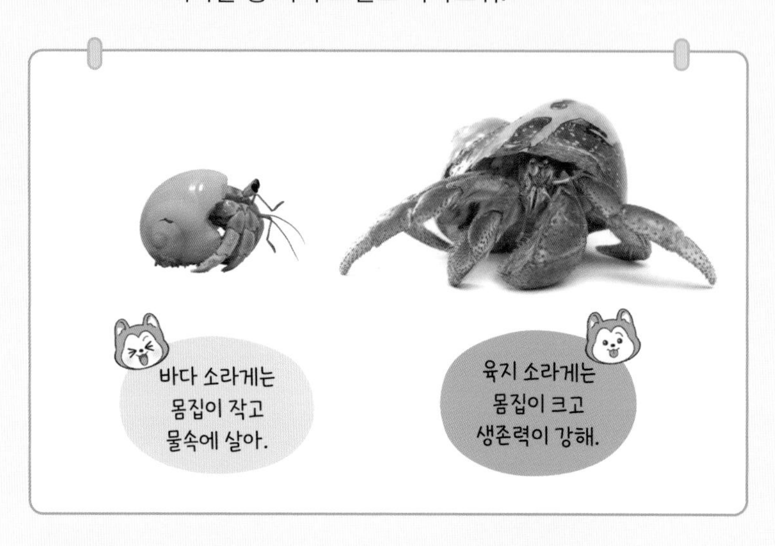

반려용으로 많이 키우는 육지 소라게는 몸집도 크고 적당한 사육 환경만 갖춰지면 꽤 오래 사는 편이야. 몸 색깔과 종류가 다양하고 움직임도 활발해서, 키우면서 관찰하는 재미가 풍성하다고 해.

종류를 알아보자!

1

러그소라게

몸길이 1.5~3cm

수명 5~20년

분포 지역 동남아시아, 호주

특이 사항 집게발에 줄무늬가 있어요. 몸 색깔이 무척 다양해요.

2

딸기소라게

몸길이 3~8cm

수명 5~20년

분포 지역 동남아시아, 호주

특이 사항 집게 돌기가 딸기 씨처럼 오돌토돌해요.

3

캐리비안물집게

몸길이	5~15cm
수명	10년 이상
분포 지역	카리브해, 버뮤다 제도, 아라비아해
특이 사항	'피피소라게'라고도 불러요.

4

야자집게

몸길이	13~40cm
수명	20년 이상
분포 지역	태평양, 인도양의 여러 섬
특이 사항	'코코넛크랩'이라고도 불러요. 멸종위기종이에요.

5

체리새우

몸길이	2.5~4cm
수명	1~2년
분포 지역	대만
특이 사항	암수에 따라 몸길이가 달라요. 암컷은 최대 4cm, 수컷은 2.5cm까지 자라요.

6

브라인쉬림프

몸길이	8~15mm
수명	2~6개월
분포 지역	전 세계 염분이 높은 호수
특이 사항	플랑크톤의 일종으로, '씨몽키'라고도 해요.

1. 아래에서 딸기소라게를 찾아 괄호 안에 번호를 써 보세요. ( )

2. 아래는 소라게에 대한 설명이에요. 설명을 잘 읽고, 괄호 안에 옳은 설명에는 ○를, 틀린 설명에는 ×를 써 보세요.

- 바다 소라게가 육지 소라게보다 커요. ( )
- 탈피를 하면서 몸집이 커져요. ( )
- 육지 소라게는 바닷물이 필요없어요. ( )

바다에 사는 거대 바퀴벌레?!

사진 속 동물은 심해 갑각류인 '바티노무스기간테우스'예요. 꼭 커다란 바퀴벌레처럼 생겼지요? 끈질긴 생명력과 엄청난 식성을 가져서 태평양과 대서양, 인도양의 바닥을 기어다니며 청소부 역할을 해요. 몸길이가 20~35cm에 이르는 대형종으로, 현재까지 확인된 최대 크기는 무려 50cm라고 해요.

찾아 봐요!

소라게의 집을 만들려고 해요! 아래에서 소라게 사육장에 어울리지 않은 것을 2개 찾아 ○ 해 보세요.

퀴즈 정답

26p

1. ②
2. O-O-X

36p

1. ③
2. X-O-X

46p

1. ①
2. O-X-X

56p

1. 3-2-1-4
2. X-O-X

70p

1. ③
2. O-X-O

78p

1. ①
2. X-O-X

88p

1. ②
2. X-O-X

96p

1. ①
2. O-X-X

110p

1. ①
2. O-O-X

118p

1. ④
2. X-O-X

128p

1. ④
2. X-O-X

142p

1. ②
2. X-O-X

찾아 봐요!

57p

129p

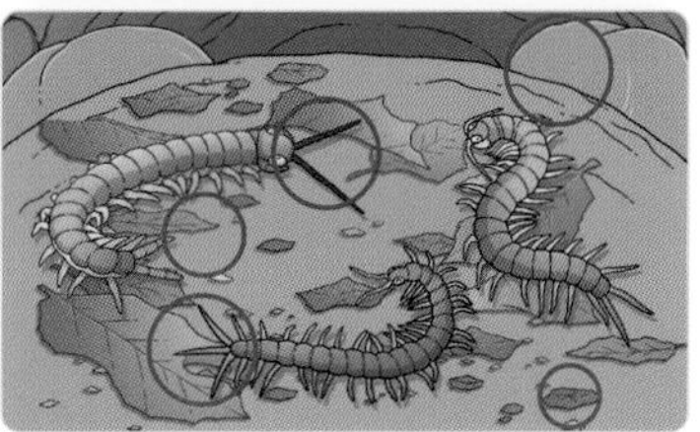

97p

143p

한눈에 보는 절지동물

왕사슴벌레

왕사마귀

장수풍뎅이

호랑나비

난초사마귀

제비나비

아마존왕지네

누들아이보리밀리피드

일본왕지네

데스스토커

우잠바라오렌지바분

말레이시아자이언트블루

구티사파이어오너멘탈

드워프우드

칠리안로즈헤어

러그소라게

브라인쉬림프

딸기소라게

사진 출처

34p 애기사마귀 ⓒYasunori Koide, CC BY-SA 4.0 / 35p 좁쌀사마귀 ⓒCharles Lam, CC BY-SA 2.0
35p 항라사마귀 ⓒAlvesgaspar, CC BY-SA 3.0
55p 왕오색나비 ⓒPeellden, CC BY-SA 4.0 / 68p 그린보틀블루 ⓒPavelSI, Public domain
69p 브라질리안블랙 ⓒUrbiacz, CC BY-SA 4.0
107p 장수지네 ⓒDr. Otto Lee http://myriatrix.myspecies.info
108p 홍지네 ⓒChristina Butler, CC BY 2.0 / 일본왕지네 ⓒtakato marui, CC BY-SA 2.0
109p 돌지네 ⓒKatja Schulz, CC BY 2.0
115p 갈라파고스왕지네 ⓒjuan_carlos_caicedo_hdz, CC BY 4.0
116p 위리디코르니스왕지네 ⓒChristopher Borges, CC BY-SA 4.0
117p 플레임렉지네 ⓒRichard N Horne, CC BY-SA 4.0
124p 유밀리페스페르세포네 ⓒAggyrolemnoixytes/Paul Marek, CC BY 4.0
125p 플랫밀리피드 ⓒFritz Geller-Grimm, CC BY-SA 3.0

유튜버 다흑의 반려곤충 상담소

2025년 1월 3일 1쇄 인쇄 | 2025년 1월 15일 1쇄 발행
기획 다흑 | **일러스트** 최진규 | **사진** 셔터스톡, 위키미디어 공용, myriatrix
편집 서영민, 박보람 | **디자인** 강효진
펴낸이 안은자 | **펴낸곳** (주)기탄출판 | **등록** 제2017-000114호
주소 06698 서울특별시 서초구 효령로 40 기탄출판센터
전화 (02)586-1007 | **팩스** (02)586-2337 | **홈페이지** www.gitan.co.kr

※ 이 책은 '창원단감아삭', 'Mapo 한아름', '국립공원 반달이' 서체를 사용했습니다.
※ 잘못된 책은 구입처에서 교환해 드립니다.